Processingで作って学ぶ、コンピュータシミュレーション入門

三井和男 著

BNN

はじめに

　本書がテーマとする「シミュレーション」とは、ある現象を模擬的に再現し、その挙動を観察し、また分析することです。シミュレーションでは、現実に想定されるさまざまな条件を取り入れて、実際に近い状況を作り出すことが必要となります。このためには、コンピュータの利用が大変有効となりますので、コンピュータシミュレーションを指す場合が多く見受けられます。本書は、この「コンピュータシミュレーション」についてさまざまな分野からテーマを選び、さまざまな手法でシミュレーションを構築し実行することについて、わかりやすく解説するものです。

　ある現象を模擬的に再現することを「モデル化」と言い、再現されたものを「モデル」と言います。コンピュータシミュレーションを行うには、数学的な方法でモデルを構築することが多いので、「数理モデル」と呼ばれます。そして、数理モデルを構築するためには、しばしば高度な数学、特に微積分学やベクトル解析の知識を必要とすることが多いのですが、この本ではこれらの予備知識を必要としません。四則演算だけでモデルを構築します。また、構築した理論を実装して具体的な事象やシステムの振る舞いをコンピュータのスクリーン上に示したり、数値データをグラフで表現したりするためにはプログラミングの技術が必要となりますが、これについても前もって知っている必要はありません。絵やアニメーションの表示を簡単に作れることが特徴であるプログラミング環境 Processing を使って、シミュレーションを一歩ずつ作り上げていきます。

　シミュレーションは、物理学や生物学、経済学、社会学など、多岐にわたる分野で利用されています。たとえば天候の予測、自動車の操作性や安全性の検討、建築物の強度に関する設計や評価、経済の動向予測など、現実の問題を解決するために使われています。一方、ビデオゲームやVR（仮想現実）などのエンターテイメントの分野

でも、よりリアルな世界を再現するためにシミュレーションが使われています。本書では、これらの中から人口問題、被食者と捕食者、感染症の流行、ボールの運動、振動問題、水の流出、熱伝導、垂れ下がる紐、貝殻の模様、ライフゲーム、動物表皮の模様、森林火災、鳥の群れをテーマとして取り上げます。それぞれの分野における考え方の違いを知ることができるでしょう。また、逆に異分野間の考え方に共通した部分のあることも知るでしょう。本書 Part 2 の初めの方では、主に問題をマクロに捉えて数量化します。たとえば「人口問題」では、一人ひとりに注目するのではなく、全体の人数を扱います。一方、後の方で扱う「鳥の群れ」では、鳥の一羽一羽に注目してその挙動を追跡します。テーマの違いもさることながら、手法の違いにも気づくことでしょう。

「動物表皮の模様」はアラン・チューリング（1912 〜 1954）によるパターン形成研究のほんの一部を紹介したものです。チューリングはコンピュータの黎明期における研究開発の中心人物ですが、その完成を見ることはありませんでした。パターンがスクリーン上に浮かび上がる様を目にすることはなかったのです。技術の発展と普及の恩恵によってシミュレーションが身近になったことは素晴らしいことだと思います。いろいろな分野におけるシミュレーションの組み立て方とその成果を、数値やグラフで、またアニメーションで、楽しんでいただければ幸いです。

2024 年 12 月

三 井 和 男

Contents

はじめに ...002
ダウンロードデータについて ...009

Part 1
Processing 入門 ...010

Chapter 1 環境を整える ...012
- 1.1　Processing をダウンロードする ...012
- 1.2　Processing をインストールする ...013
- 1.3　Processing の環境を知る ...013
- 1.4　試してみる ...014
- 1.5　プログラムを保存する ...016

Chapter 2 プログラムを書く ...017
- 2.1　使用できる文字 ...017
- 2.2　コメントを書く ...018
- 2.3　スペース ...018
- 2.4　ファンクション（関数）...019

Chapter 3 描く ...021
- 3.1　点を描く ...022
- 3.2　図形を描く ...023
- 3.3　描く順序 ...027
- 3.4　色で描く ...028

Chapter 4 平行移動と回転 ...031
- 4.1　平行移動 ...031
- 4.2　回転 ...032
- 4.3　移動や回転の範囲を限定する ...033

Chapter 5　変数にデータを保存する ...034
　5.1　変数とは ...034
　5.2　変数の種類と定義の方法 ...035
　5.3　システム変数 ...037
　5.4　配列 ...037

Chapter 6　演算子 ...040
　6.1　四則演算 ...040
　6.2　比較演算 ...041

Chapter 7　アニメーションを作る ...042
　7.1　draw() ...042
　7.2　setup() ...043
　7.3　マウスの位置を使う ...044

Chapter 8　制御構造 ...045
　8.1　反復構造 ...045
　8.2　分岐構造 ...047

Chapter 9　ファンクション（関数）の作り方 ...050
　9.1　ファンクションを作る ...050
　9.2　戻り値のあるファンクション ...054

Chapter 10　オブジェクト指向プログラミング ...056
　10.1　ボールの運動 ...057
　10.2　オブジェクト指向 ...060
　10.3　ボールを追加する ...063
　10.4　50個のボール ...064
　10.5　自由に運動するボール ...066

Part 2
コンピュータシミュレーション ...070

Introduction
「シミュレーション」と「モデル」とは ...072

Chapter 1
これから人口はどう増加／減少するのか？ ...076
──人口変化の数学モデル

- 1.1 人口変化の数理モデルを作る ...077
- 1.2 定数を決める ...080
- 1.3 コーディングする ...081
- 1.4 結果を比較してモデルの修正をする ...083
- 1.5 再びコーディングする ...086

Chapter 2
勝つのはどっち？ ウサギとキツネの攻防戦 ...090
──生態系における被食者と捕食者の数学モデル

- 2.1 実験する ...091
- 2.2 生態系の数理モデルを作る ...093
- 2.3 時間と個体数について ...095
- 2.4 コーディングする ...095
- 2.5 定数の決定について考察する ...100

Chapter 3
新型インフルエンザが発生した場合、感染はどのように拡大するか？ ...102
──感染病流行の数学モデル

- 3.1 感染病流行の数理モデルを作る ...103
- 3.2 定数を決める ...105
- 3.3 コーディングする ...105

Chapter 4
投げ上げたボールの軌跡 ...110
──ニュートンの運動法則

4.1 ボールの運動の数理モデルを作る ...111
4.2 コーディングする ...113

Chapter 5
アルミ缶とゴムひも ...120
──振動のバネ–マスモデル

5.1 実験する ...121
5.2 振動の数理モデルを作る ...122
5.3 比例定数の測定をする ...123
5.4 コーディングする ...125

Chapter 6
水がなくなるまでの時間はどれくらいか？ ...130
──穴から溢れ出る水の数学モデル

6.1 ペットボトルで実験する ...131
6.2 穴から漏れる水の数理モデルを作る ...132
6.3 コーディングする ...135

Chapter 7
熱が伝わる時間はどれくらいか？ ...140
──熱伝導の数学モデル

7.1 物質の温まりやすさ、冷めやすさを定式化する ...141
7.2 熱の伝わりやすさを定式化する ...141
7.3 熱伝導の数理モデルを作る ...143
7.4 長さ10cmの棒の温度変化のシミュレーションをする ...144
7.5 コーディングする ...144

Chapter 8
垂れ下がる紐 ...150
──弾性体の変形と釣り合い

8.1 数理モデルを作る ...151
8.2 コーディングする ...154

Chapter 9

貝殻の模様はどのようなルールで形成されるのか？ ...170
―― セルオートマトン

9.1　セルオートマトンとは　...171
9.2　ウルフラムのセルオートマトン　...172
9.3　コーディングする　...174

Chapter 10

ライフゲーム ...182
―― 相互作用の作り出すパターン

10.1　ライフゲームのルール　...183
10.2　コーディングする　...185

Chapter 11

動物の表皮の模様はどのように生まれるのか？ ...194
―― チューリングの反応拡散方程式

11.1　一次元モデルから始める　...195
11.2　差分法を使って近似する　...196
11.3　コーディングする　...198
11.4　二次元モデルに拡張する　...204
11.5　二次元モデルをコーディングする　...205

Chapter 12

火災はどこまで広がるか？ ...214
―― 森林火災の数理モデル

12.1　モデルを作る　...215
12.2　コーディングする　...217

Chapter 13

鳥の群れ ...226
―― ボイドモデル

13.1　鳥の振る舞いを整理する　...227
13.2　コーディングする　...227

Chapter 14

草とウサギ ...250
—— 被食者と捕食者のエージェントモデル

14.1 草とウサギ ...251
14.2 コーディングする ...251

付録 A 微分方程式 ...268
付録 B ベクトル演算 ...269
付録 C 十進数と二進数 ...270

ダウンロードデータについて

本書で解説するソースコードは、以下の URL よりダウンロードできます。

https://www.bnn.co.jp/blogs/dl/p5cs

また、上記ページに実行画面等のカラー画像を掲載しています。適宜ご参照ください。

【使用上の注意】
・本書は Processing 4.3 で動作確認しています。それ以外のバージョンでは正しく動作しないことがあります。
・本データは、本書購入者のみご利用になれます。
・データの著作権は作者に帰属します。
・データの転売は固く禁じます。
・本ダウンロードページ URL に直接リンクをすることを禁じます。
・データに修正等があった場合には、予告なく内容を変更ないし公開停止する可能性がございます。あらかじめご了承ください。またお使いのコンピュータの性能や環境によって、データを利用できない場合があります。
・本データを実行した結果については、著者や出版社のいずれも一切の責任を負いかねます。ご自身の責任においてご利用ください。

Part 1

Processing 入門

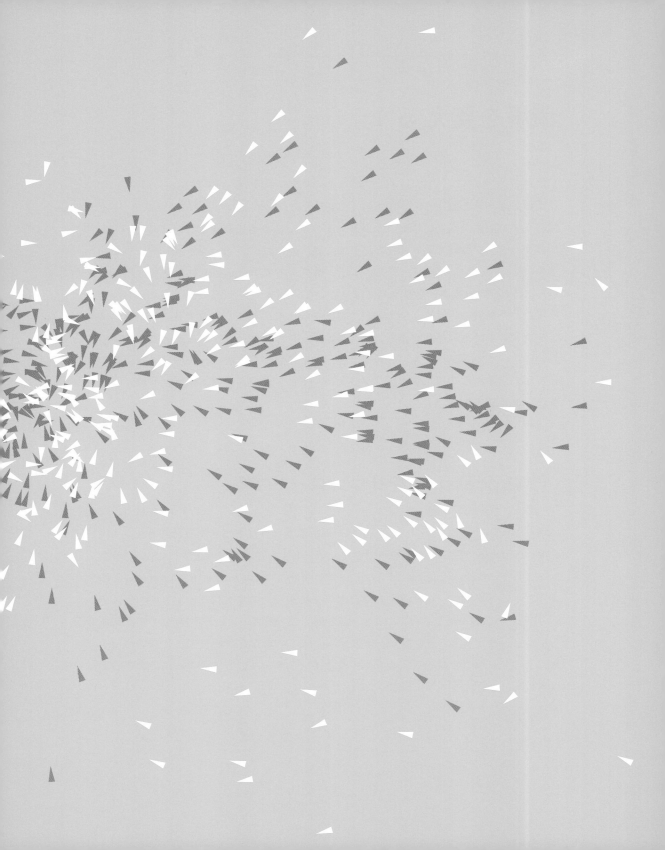

Chapter 1
環境を整える

　本書では、シミュレーションを実行するために Processing（プロセッシング）を使います。Processing はビジュアル・デザインのために開発された比較的新しいプログラミング言語であり開発環境です。基本的には、Java（ジャバ）モードまたは Python（パイソン）モードとして使います。ですから Java や Python はもちろんのこと、他の言語とも基本的には同じです。そのうえ、図形を描くことや動画を作ることが簡単にできるという優れた特徴を持っています。プログラミングを初めて学習する人には最適な言語だと言えますが、シミュレーションを組み立てるにも最適です。シミュレーションの結果、得られたデータを図形として簡単に表現することができるからです。まずは、ダウンロードしてプログラミング環境を整えることから始めましょう。

1.1　Processing をダウンロードする

　Processing でプログラミングを行うのに必要なソフトウェアは、Processing の Web サイト（**図1-1**）から無料でダウンロードすることができます。Web ブラウザを使って https://processing.org/ のサイトで Download をクリックしましょう。すると次のページには、あなたのコンピュータのオペレーティング・システム（OS）の名前が表示されています（**図1-2**）。この例は macOS の場合です。確認してクリックすると、ダウンロードが始まります。あなたが使っているコンピュータによって、ダウンロードするファイルとインストールの方法が少し違いますので注意しましょう。

図1-1　ProcessingのWebサイト　　　　　図1-2　ダウンロードボタン

1.2　Processingをインストールする

　あなたのコンピュータがWindowsなら、zipファイルがダウンロードされます。これをダブルクリックして、フォルダの中のファイルをハードディスクにドラッグします。たとえば、Program Fileに入れるかデスクトップに置くかなどは、どちらでもかまいません。Processing.exeをダブルクリックすれば、すぐに起動してプログラミングを始めることができます。macOSでも、ダウンロードしたzipファイルをダブルクリックで解凍し、アプリケーションフォルダにドラッグします。またはデスクトップに置いてもだいじょうぶです。Processingのアイコンをダブルクリックすれば起動します。

1.3　Processingの環境を知る

　Processingを起動するとウィンドウが開きます。**図1-3**は、そこにプログラムを書き込んだ一例です。WindowsとMacでは少しだけ違っていて、**図1-3**はMacの場合です。Macでは、「ファイル（File）」「編集（Edit）」「スケッチ（Sketch）」「デバッグ（Debug）」「ツール（Tools）」「ヘルプ（Help）」などのメニューはモニターの上部に表示されているはずです。Windowsでは、開いたウィンドウの上部に表示されているでしょう。これを「メニューバー」と呼びます。その下が「ツールバー」です。ツールバーには、丸に三角形のアイコンで示された実行（Run）ボタンと、丸に四角形のアイコンで示された停止（Stop）ボタンが配置されています。その下にはファイル名が書かれています。ファイル名はデフォルトで「sketch_240901a」

などと自動的に設定されます。このファイル名は後で変更することができます。**図1-3**ではファイル名を「sketch_0001」に変更しています。

その下にある白くて広いスペースがテキストエディタです。ここにプログラム（コード）を書きます。**図1-3**の例では、1行目から11行目までにプログラムが書かれています。その下にある濃い水色の領域は「メッセージエリア」と呼ばれます。この例では、「保存が完了しました。」というメッセージが出ていますね。さらにその下の黒またはグレーの領域は「コンソール」と呼ばれます。ここには、詳しい技術的なメッセージが出力されることもありますし、あるいは、プログラム中からここに数値や文字を書き出すこともできます。メニューバーにあるメニュー「Processing」をクリックして現れる「Preferences（環境設定）」では、メニューなどに使われる言語の設定や、テキストエディタで使われるフォントの大きさなどの設定ができます。日本語に設定したり見やすい文字の大きさに変更したりしておきましょう。

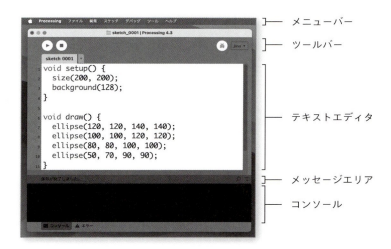

図1-3　Processingのプログラミング環境（Macの場合）

1.4　試してみる

それでは、とりあえず試してみましょう。メニューバーにある「ファイル（File）」をクリックして現れる「新規（New）」をクリックします。すると新しいテキストエディタが現れます。ここに**図1-4**のように書いてみましょう。すべて半角の英数字で書きます。最後はセミコロン（;）です。書いたら早速、実行してみましょう。ツー

ルバーの実行ボタン（丸に三角）をクリックします。**図1-5**のように黒いウィンドウが表示されるでしょう。

```
background(0);
```

図1-4　初めてのプログラム　　　　　図1-5　黒いウィンドウ

　background（バックグラウンド：背景）というのは、ウィンドウの背景色を指定する命令です。background(0)とすると、黒色にしなさいということになります。このような命令を「ステートメント」と呼びます。カッコの中の0が黒色を意味しています。このように、カッコの中に書く数値を「パラメータ（または引数）」と呼びます。ステートメントの終わりの；（セミコロン）を忘れることがありますから注意しましょう。実行を停止するには、ツールバーの停止ボタン（丸に四角）をクリックします。もう少し試してみましょう。

```
background(255);
```

はどうでしょう。今度は白色のウィンドウが表示されましたね。もう1つ、

```
background(128);
```

はどうでしょう。今度はグレーのウィンドウが表示されたでしょう。パラメータの0は黒色、128はグレー、255は白色を指しているのです。このように、ステートメントは「何をするのか」という部分と「どのようにするのか」という部分からできてい

ます。この例の場合、「何をするのか」という部分がbackgroundで、「背景色を設定する」ということになります。また、「どのようにするのか」という部分がパラメータで示されていて、0、128、255でそれぞれ「黒色」「グレー」「白色」にする、ということになっています。このことについては後でまた詳しく解説します。

1.5　プログラムを保存する

開発したプログラム（コード）を保存しましょう。保存には、メニューバーの「**ファイル（File）**」をクリックして、「**名前を付けて保存（Save as）**」を選び、クリックします。ファイル名を入力し、保存する場所を確認して、「**保存（Save）**」をクリックすればプログラムの保存は完了です。

図1-6　プログラムの保存

Chapter 2
プログラムを書く

　プログラムを書くことと、メールやエッセイを書くことには共通点があります。メールを書くときには、単語を選び順番に組み立てて、1つの文を作ります。さらにもう1つ文を作り、さらにもう1つ、というふうに、たくさんの文を組み合わせて、意図した文章に仕上げていきます。プログラムを書いてソフトウェアを作るときも、単語を選び順番に組み立てて、1つの文（ステートメント）を作ります。たとえば、先ほどの例にあった background(255); です。プログラムは、このようなステートメントをいくつか組み合わせて書き上げます。**図1-3**の例では、そのようなステートメントを11行組み合わせて、1つの意図したプログラムに仕上げています。

　一方、コンピュータプログラムを書く場合には、メールやエッセイを書くときのような柔軟性はありません。メールを書くときには、多少の曖昧さがあったり、多少の誤字や脱字や文法の誤りがあっても、読み手は何とか理解してくれるでしょう。コンピュータプログラムを書く場合には、書く人によって多少のスタイルの違いがあるかもしれませんが、フレーズの柔軟性はありません。もちろん曖昧さは許されません。先ほどの background(255); は必ずこのように書かなければなりません。コンピュータが曖昧なプログラムの意味を解釈することや、誤りを補正して解釈することはまだできないのです。

2.1　使用できる文字

　プログラムを書くときに使用できる文字は、基本的に半角の英数字です。漢字やひらがな、カタカナなどの全角文字は使えません。半角小文字の **a** 〜 **z**、大文字の **A** 〜 **Z**、それから , (コンマ) と ; (セミコロン) を使います。( ) [ ] { }（カッコ）もその用途により使い分けます。数字も半角の **0** 〜 **9** を使います。その他に **+**、**−**、**/**、*****、**%**、**>**、**<**、**=**、**_**、**#**、**| |**、**&** などの記号を使います。大文字と小文字は区別されますから注意しましょう。

2.2 コメントを書く

background(255); のプログラムにコメントを書いてみましょう。以下のようにします。

```
// set background color to white
background(255);
```

実行すると、以前と同じように白色のウィンドウが現れます。// に続けて書いた行はプログラムの実行には影響しません。このように // に続けて書いた行を「コメント」と呼びます。コンピュータには無視されますが、人間にとっては役に立つメモとなるのです。特にプログラムが複雑になってくると、どのような意図で書いたコードなのかをメモしておくことが大切になります。次のように /* と */ の間に書いてもコメントとなって、プログラムの実行には影響しません。複数行にわたるような長いコメントの場合はこちらが便利でしょう。

```
/* set background color to white */
background(255);
```

2.3 スペース

スペース（空白）をステートメントの構成要素の間に入れても、あるいはいくつ入れても、プログラムの実行には影響しません。スペースはキーボードのスペースバーを押して入力します。以下のように書いて試してみましょう。

```
background     (   255   )  ;
```

さらに改行を入れても意味は変わりません。

```
background
(   255   )
;
```

つまり、プログラム中の1行の終わりを示すのは ; （セミコロン）だけなのです。適切にスペースを入れて、見た目にも読みやすいプログラムを書くように心がけましょう。

2.4　ファンクション（関数）

ここで紹介した background( ) は、「ファンクション（関数）」と呼ばれる仕組みの1つです。background( ) は背景色を数値として受け取って、その数値に対応した色でウィンドウを塗りつぶします。ファンクションとは、パラメータの値を受け取って何らかの処理をし、その結果を返す、すなわち、まとまった動作をする機能のことです。Processing にはこの他にもたくさんのファンクションが準備されています。プログラムを書くということは、これらのファンクションを組み合わせて目的の動作を実行できるようにすることでもあるのです。

もう1つのファンクションを使ってみましょう。size（サイズ：寸法）です。次のように書いてみましょう。

```
size(400, 100);
background(64);
```

実行すると、図2-1のようなウィンドウが表示されるでしょう。size( ) はウィンドウのサイズを設定するファンクションです。これにはパラメータが2つあって、1つ目はウィンドウの横幅を 400 ピクセルに、2つ目は高さを 100 ピクセルに指定しています。

図2-1　横 400 ピクセル、縦 100 ピクセルのウィンドウ

size()を指定しない場合、寸法はデフォルト（default：初期設定）の100×100ピクセルに設定されます。なお、「ピクセル」とは、デジタル画像を構成する画素の最小単位のことを指します。この例の場合のウィンドウは、横に400、縦に100のグリッド状に並んだドットでできているというわけです。

Chapter 3
描く

　コンピュータの画面は、グリッド状に並んだ「ピクセル」と呼ばれるドットでできています。ウィンドウ内の位置を示すには、このグリッド状に並んだピクセルを横方向と縦方向に数えて表現します。通常、横方向は「x 座標」、縦方向は「y 座標」と呼ばれます。Processing では、原点がウィンドウの左上の角にあり、x 座標はウィンドウの左端からの距離、y 座標は上端からの距離です（**図3-1**）。つまり、ウィンドウ内の位置を座標 (x, y) のように表すことができるのです。画面が 140 × 120 ピクセルの場合、左上は (0, 0)、中央は (70, 60)、右下は (139, 119) です。

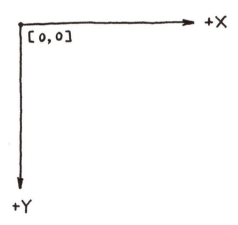

図 3-1　二次元座標系

画面が120×100ピクセルとなるように設定してみましょう。次のように書きます。

```
size(120, 100);
```

実行ボタンを押してみましょう。**図3-2**のようなウィンドウができましたね。他のサイズのウィンドウも試してみてください。ウィンドウの準備ができたら、次はいよいよ図形を描く番です。まずは、点を描くことから始めましょう。

図3-2　120×100のウィンドウ

図3-3　真ん中に点を描く

3.1 点を描く

120×100ピクセルのウィンドウの真ん中に点を描いてみましょう（**図3-3**）。点を描くためのファンクションは、`point`（ポイント：点）です。これには2つのパラメータが必要で、その1つはx座標、もう1つはy座標です。ですから次のようなかたちをしています。

```
point(x, y);
```

`point()`は点を描くことを指示し、そのパラメータ(x, y)がどの位置なのかということを指定しています。真ん中ですからx座標は60、y座標は50ですね。それでは、実際に試してみましょう。次のように書いて実行します。

```
size(120, 100);
point(60, 50);
```

3.2 図形を描く

　基本的な図形を何種類か描いてみましょう。まず、直線です。直線を描くファンクションは、`line`（ライン：線）です。これには 4 つのパラメータがあって、最初の 2 つは直線の始点を示す座標の x1 と y1 です。残りの 2 つは終点を示す座標の x2 と y2 です。

```
line(x1, y1, x2, y2);
```

　120 × 100 ピクセルのウィンドウで、始点が (20, 10)、終点が (100, 90) となるように直線を描きましょう。プログラムは次のようになります。

```
size(120, 100);
line(20, 10, 100, 90);
```

　実行すると、**図3-4**のようになるでしょう。

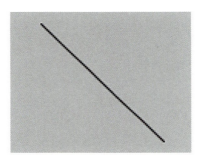

図3-4　直線を描く

　続いて 120 × 100 ピクセルのウィンドウで、頂点の座標が (90, 50)、(60, 80)、(20, 20) となるように三角形を描きましょう。`triangle`（トライアングル：三角形）を使います。プログラムは次のようになります。

```
size(120, 100);
triangle(90, 50, 60, 80, 20, 20);
```

　実行すると、**図3-5**のようになるでしょう。

図3-5　三角形を描く

次は四角形です。四角形を描くファンクションは、**quad**（クワッド：四角形）です。これには8つのパラメータがあります。最初の2つは、四角形の1つ目の頂点の座標x1とy1です。同じように2つ目の頂点の座標x2とy2、3つ目の頂点の座標x3とy3、4つ目の頂点の座標x4とy4と続き、全部で8つとなります。

```
quad(x1, y1, x2, y2, x3, y3, x4, y4);
```

120 × 100 ピクセルのウィンドウで、頂点の座標が (20, 20)、(100, 30)、(70, 80)、(20, 60) となるように四角形を描きましょう。プログラムは次のようになりますね。

```
size(120, 100);
quad(20, 20, 100, 30, 70, 80, 20, 60);
```

実行すると、**図3-6**のようになるでしょう。

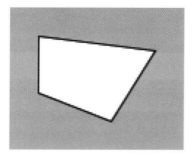

図3-6　四角形を描く

次は長方形です。長方形を描くファンクションは、**rect**（レクト：長方形）です。これには4つのパラメータがあります。最初の2つは、長方形の左上角の座標xとyです。3つ目は幅、4つ目は高さです。

```
rect(x, y, width, height);
```

120×100ピクセルのウィンドウで、左上角の座標が(20, 30)、幅が70で高さが40の長方形を描きましょう。プログラムは次のようになりますね。

```
size(120, 100);
rect(20, 30, 70, 40);
```

実行すると、**図3-7**のようになるでしょう。

図3-7　長方形を描く

次は円です。円を描くファンクションは、**ellipse**（イェリップス：楕円）です。英語のellipseは楕円という意味ですから、正確には楕円を描くファンクションです。これには4つのパラメータがあります。最初の2つは、楕円の中心座標xとyです。3つ目は幅、4つ目は高さです。

```
ellipse(x, y, width, height);
```

120×100ピクセルのウィンドウで、中心座標が(60, 50)、幅が80で高さが40の楕円を描きましょう。プログラムは次のようになりますね。

```
size(120, 100);
ellipse(60, 50, 80, 40);
```

実行すると、**図3-8**のようになるでしょう。幅と高さが同じなら正円を描けますね。

図3-8　楕円を描く

ヘルプ（Help）メニューからリファレンス（Reference：参照）を見てみると、この他にも図形を描くためのファンクションがいろいろ用意されているのがわかります。

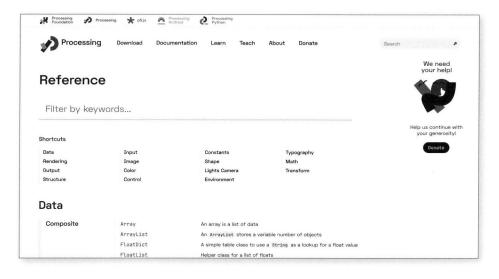

図3-9　Processing.org のリファレンスページ

3.3　描く順序

プログラムが実行されるとき、コンピュータは書かれたステートメントを上から順に1つずつ実行していきます。次のプログラムの場合には、長方形の後で円を描くことになり、結果として図3-10のように長方形の上に円が重なります。試してみましょう。

```
size(480, 120);
rect(60, 40, 320, 60);
ellipse(380, 50, 80, 80);
```

図3-10　長方形の上に円が重なる

順番を変えてみましょう。今度は図3-11のように円の上に長方形が重なります。

```
size(480, 120);
ellipse(380, 50, 80, 80);
rect(60, 40, 320, 60);
```

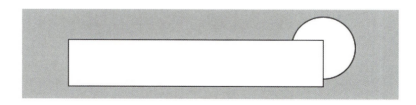

図3-11　長方形の上に円が重なる

3.4　色で描く

　ウィンドウの背景の色、図形の色、図形の輪郭線の色を指定するには、それぞれ**background**、**fill**（フィル：塗りつぶす）、**stroke**（ストローク：筆使い）を用います。**図3-12**のようにモノクローム（モノクロ、白黒）で描く場合に、これらのファンクションのパラメータは1つで、0から255の値をとります。0は黒を、255は白を意味します。その間はグレーです。図形を塗りつぶしたいなら**fill()**を用いますが、逆に塗りつぶさないなら**noFill()**です。輪郭線を描かないなら**noStroke()**を用います。

```
size(480, 120);
background(255);
fill(200);
rect(20, 10, 140, 100);
noFill();
rect(170, 10, 140, 100);
noStroke();
fill(100);
rect(320, 10, 140, 100);
```

図3-12　塗りつぶしと塗りつぶしなし

　色を指定する方法はいくつかありますが、ここではRGBで指定する方法を見てみましょう。background()、fill()、stroke()などで、RとGとBの値を指定します。1つ目はR、すなわち赤（Red）、2つ目はGで緑（Green）、3つ目はBで青（Blue）の濃度を0から255の範囲で指定します。ウィンドウにはこれらの成分が配合された色として表示されます。次の例では、**図3-13**のように正方形を4色で表示します。背景はグレーで、1つ目の正方形は赤、2つ目は緑、3つ目は青、4つ目は赤と緑を混ぜて黄色です。いろいろ試してみましょう。

```
size(480, 120);
background(100);
fill(255, 0, 0);
rect(25, 10, 100, 100);
fill(0, 255, 0);
rect(135, 10, 100, 100);
fill(0, 0, 255);
rect(245, 10, 100, 100);
fill(246, 246, 0);
rect(355, 10, 100, 100);
```

図3-13 色で描く

色を指定する方法をもう1つ見ておきましょう。HSBで指定する方法です。ProcessingではRGBがデフォルトの設定になっていますので、HSBで指定するには、まずcolorMode()を使って、「以後はHSBで色を指定する」ということを宣言しておきます。HSBは、色相（Hue）、彩度（Saturation）、明度（Brightness）の3つの成分を数値で指定する方法です。前と同じ例をHSBで描いてみましょう。

```
size(480, 120);
colorMode(HSB, 360, 100, 100);
background(100);
fill(0, 99, 99);
rect(25, 10, 100, 100);
fill(119, 99, 99);
rect(135, 10, 100, 100);
fill(239, 99, 99);
rect(245, 10, 100, 100);
fill(59, 99, 99);
rect(355, 10, 100, 100);
```

colorMode( )のパラメータの1つ目には、RGBかHSBかを選択します。HSBの場合、2つ目は色相を示す値の最大値です。いくつを設定してもいいのですが、色相は色相環をイメージするとわかりやすいため、360（度）が用いられることが多いようです。残りの2つは彩度と明度の最大値ですが、100（％）を使うことが多いようです。RGBかHSBかどちらを使うにしても、イメージした色の成分を数値で指定することは簡単ではありません。そこで、Processingには**図3-14**に示すような「色選択（カラーセレクター：Color Selector）」が用意されています。

図3-14 色選択（カラーセレクター）

メニューバーの「ツール（Tools）」から「色選択（Color Selector）」を選んでみましょう。イメージした色をクリックすると、そのRGBやHSBの値が右に示されています。この他に、色を指定するには色番号（#FFFFFFなど）を指定する方法があります。

Chapter 4

平行移動と回転

図形を移動したり傾けたりしてみましょう。ここでは、平行移動と回転について学びます。

4.1 平行移動

移動には **translate**（トランスレート：平行移動）を使います。試してみましょう。

```
size(480, 120);
translate(240, 30);
ellipse(0, 0, 10, 10);
rect(0, 0, 120, 60);
```

ウィンドウのサイズに続いて translate() で座標の原点を移動をします。1つ目のパラメータは x 方向への移動、2つ目は y 方向への移動です。これによって座標の原点が (240, 30) へ平行移動します。いったんこの設定を行うと、以後に変更を行うまでずっとこの設定が続きます。そして、ellipse()、rect() と続いていますが、x 座標も y 座標も 0, 0 ですから、新しい原点に小さな円と長方形を描くのです（**図4-1**）。

図4-1 原点の移動

4.2 回転

　座標系を回転するには **rotate**（ローテート：回転）を使います。パラメータは回転の角度です。時計回りの角度をラジアン単位で指定します。30°の回転ならラジアン単位ではπ/6です。Processingではπを PI と書きますから、PI/6 ですね。移動してから回転するというところが重要です。移動と回転の順番を変えると、思ったようにはなりません。試してみましょう。**図4-2**のようになりましたか。

```
size(480, 120);
translate(240, 30);
rotate(PI/6);
ellipse(0, 0, 10, 10);
rect(0, 0, 120, 60);
```

図4-2　移動と回転の組み合わせ

　角度をラジアン単位で表すのが苦手なら、rotate(PI/6); のところを次のようにしてもいいですね。**radians()** で30°をラジアン単位に変換できるからです。

```
rotate(radians(30));
```

4.3 移動や回転の範囲を限定する

translate()やrotate()で座標系の設定を変更すると、それ以降その影響が続きます。これには不都合な場合もあります。座標系変更の影響をある範囲にとどめ、元の座標系に戻って描画したいことがあるからです。そこで、Processingには設定を元に戻す仕組みが用意されています。**pushMatrix**（プッシュマトリクス）と**popMatrix**（ポップマトリクス）です。pushMatrix()は現在の座標系を「スタック」と呼ばれる仕組みに保存し、popMatrix()は保存しておいた座標系を復元します。数学的な処理にちなんだ名前です。この仕組みは理解しにくいかもしれませんが、pushMatrix()から始まってpopMatrix()で終わる範囲に書かれた座標系の変更は、その範囲に限定されて他には影響しないと考えるといいでしょう。この仕組みを使って試してみましょう。

```
size(480, 120);
pushMatrix();
  translate(240, 30);
  rotate(PI/6);
  ellipse(0, 0, 10, 10);
  rect(0, 0, 120, 60);
popMatrix();

rect(0, 0, 120, 60);
```

図**4-2**のために書いたコードをpushMatrix()とpopMatrix()で囲んでいます。その後、同じrect(0, 0, 120, 60);を実行します。その結果は図**4-3**のようになります。後で書いた長方形は左上のもともとの原点の位置に描かれています。

図**4-3**　pushMatrix()とpopMatrix()を使う

Chapter 5

変数にデータを保存する

　Processing の特徴である、図形を描くことをこれまで学んできました。ここからは、C、Java、Python など他の言語とも共通するプログラミングの本質に進んでいきましょう。そこでまず、「変数」から始めたいと思います。変数を知ると、これまで学んだ「描く」ということをもっと面白くできるはずです。

5.1　変数とは

　変数（variable：バリアブル）というのは、データを保存しておくための入れ物と考えるといいでしょう。変数には値を保存して、プログラム中でこれを何度でも使うことができます。一度保存すると、それ以降、そのプログラムを終了するまで何度でもです。しかも、変数に保存された値はプログラム中で簡単に書き換えることもできます。

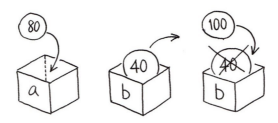

図 5-1　変数はデータの入れ物

　次のプログラムを試してみましょう。

```
size(480, 120);
int a = 80;
```

```
int b = 40;
rect(60, 20, a, a);
rect(180, 20, b, b);
rect(260, 20, a, b);
rect(380, 20, b, a);
```

　この例では、初めに a と b という名前の変数に、辺の長さを意味する値 80 と 40 をそれぞれ保存しています。その後、これらを繰り返し使用して、**図5-2**の図形を描きます。変数に値を保存するには、int a = 80 のように書きます。この例で、int は変数の種類です。a は変数の名前です。= 80 で値を保存します。int（イント）は integer（整数）の省略です。整数を入れるための a という名前の箱を用意して、そこに 80 を保存するという一連の動作が行われています。int b = 40 も同様です。長方形を描くときには、a と b に保存しておいた値を繰り返し使っています。

図5-2　変数を使った描画

5.2　変数の種類と定義の方法

　変数を理解するには、型（**type**：タイプ）と名前（**name**：ネーム）と保存される値（**value**：バリュー）について知らなければなりません。
　まず、型から始めましょう。int、float、boolean、string、color、PImage など、変数にはいろいろな種類があります。この種類のことを「型」と呼ぶのです。型によって、保存できるデータのタイプが異なります。現実の世界の入れ物にも種類がありますね。コップ、ざる、財布、弁当箱など、それぞれ用途が異なるのと似ています。本書に登場する 4 つについて説明しましょう。その他については必要なときにヘルプメニューで調べましょう。

1) int 型には、0、1、2、3、-1、-2 などのような整数を保存できます。
2) float（フロート）型には、3.14195、2.6、-169.3 などのように、小数を含む数（floating point value：小数点数）を保存できます
3) boolean（ブーリアン）型には、真または偽を意味する true か false を保存することができます。
4) color（カラー）型には、色の情報を保存できます。

図5-3　変数の種類

「名前」はアルファベットで始まる1語です。間に数字を含むこともできますが、スペース（空白）を入れてはいけません。

正しい変数名の例：apple、tiger、member48、ball267a、Cell、four_Roses
誤った変数名の例：1960s、#128、yes no、&truck、ball#267a、a+b

それでは、変数を定義して「値」を保存してみましょう。その方法にはいろいろなやり方がありますが、まず変数の名前を定義して、その後で値を保存する方法を試します。

整数を保存する場合です。整数型を意味する int に続けて変数名を書き、次の行で = の記号を使って変数に値を保存します。

```
int a;
a = 24;
```

この例では、整数型の変数 a に 24 を保存しました。定義と保存を同時に行うなら、

```
int a = 24;
```

のように書きます。= の記号は数学の「等しい」という意味の等号を意味するのではなく、左辺に書かれた変数に右辺の値を「保存する」という意味をもちます。保存先の変数は必ず左側に書かなければなりません。= の記号を左向きの矢印（←）のようにイメージするといいでしょう。また、このように保存することを「代入」と呼ぶこともありますから覚えておきましょう。各ステートメントの終わりには；（セミコロン）を忘れないようにしましょう。小数点数の場合なら次のように書きます。

```
float f;
b = 3.1415926;
```

```
float f = 3.1415926;
```

5.3　システム変数

　Processing には、「システム変数」と呼ばれる特別な変数が用意されています。たとえば、**width**（ウィズ：幅）や **height**（ハイト：高さ）です。これらは特別な意味をもった変数で、プログラムの中で宣言しないで使うことができます。width と height にはそれぞれウィンドウの幅と高さの値が保存されています。その他、マウスの操作に関連した **mouseX**（マウスエックス）、**mouseY**（マウスワイ）や **mousePressed**（マウスプレスド：マウスが押された）、キーボードの操作に関連した **keyPressed**（キープレスド：キーが押された）、**key**（キー）などがあります。

5.4　配列

　配列（**array**：アレー）も変数の一種です。配列は変数を同じ名前をもつリストとして扱えるようにします。共通点のある一連のデータを同じ名前で扱うことによって、プログラムを短く簡潔にわかりやすく書くことができます。
　簡単な例から始めましょう。次のプログラムで、record という変数には 5 回分

の得点が保存されます。得点は整数型なのでintです。その次にある[ ]は配列であることを示しています。配列として変数を定義すると、この例の{ }の中のような複数個のデータをリストとして保存し、扱うことができるようになります。

```
int[] record = {100, 92, 75, 60, 86};
println(record);
```

実行すると得点がコンソールに順番に出力されて、一連のデータとして保存されていることがわかります。**図5-4**のような収納棚をイメージするといいかもしれません。recordという名前の棚ですが、それには5つの引き出しがついていて、それらにデータが1つずつ順番に入っています。

`println()`は出力をする関数です。基本的には、( )の中に書かれたデータをコンソールに出力します。

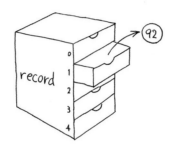

図5-4　配列は収納棚のイメージ

引き出しには0から4までの5つの番号が付いています。ですから、2番目の引き出しの中身だけを出力するには次のように書きます。

```
int[] record = {100, 92, 75, 60, 86};
println(record[1]);
```

番号が0から始まることに注意しましょう。5回の得点の合計を計算したいなら次のようにします。

```
int[] record = {100, 92, 75, 60, 86};
int sum = record[0]+record[1]+record[2]+record[3]+record[4];
println(sum);
```

配列を別のやり方で作ることもできます。たとえば、float 型で100個の要素をもつ pressure という名前の配列を準備するなら、次のように書くことができます。

```
float[] pressure;
pressure = new float[100];
```

次のように1行にまとめて書いても同じです。

```
float[] pressure = new float[100];
```

この配列の最初の要素0番に210.5を保存するには、配列の準備に続けて次のようにします。

```
pressure[0] = 210.5;
```

最後の要素99番に333.6を保存するには次のようにします。

```
pressure[99] = 333.6;
```

Chapter 6

演算子

＋、−、＊、／ のようないくつかの記号を「演算子（operator：オペレータ）」と呼びます。これらを使うと計算を行うことができます。＋ は足し算、− は引き算、＊ はかけ算、／ はわり算のために使います。この他に「論理演算子」と呼ばれるものもあります。四則演算から見ていきましょう。

6.1 四則演算

算数でやるように、2つの変数または定数の間に演算子を置くと、式を作ることができます。たとえば、b+c や d+3 などです。式を計算した結果を別の変数に保存するというやり方は、プログラムの中によく出てきます。たとえば、

```
a = b + c;
```

のようにします。a = b + c は、変数 b に保存されている値と c に保存されている値を足して、変数 a に保存します。もう少し複雑な式を書くこともできます。たとえば、

```
int x = 3 + 4 * 5;
```

と書いて実行すれば、整数型の変数 x に 23 が保存されます。35 ではありません。かけ算の優先順位が高いため、4 ＊ 5 が初めに実行され、その後 3 が加えられるからです。計算の順序は算数で用いられる優先順序と同じですが、( ) を使って順序を変えることもできます。

```
x = (3 + 4) * 5;
```

とすれば、x には 35 が保存されます。= が算数の「等しい」を意味するのではなく、保存を意味するので、たとえば、

```
x = x + 10;
```

も間違いではありません。変数 x に保存されている値に 10 を加えて、あらためて x に保存（上書き保存）することを意味しています。

6.2 比較演算

　数値の大小を比較するには比較演算子が使われます。比較演算子には、==、<、>、=<、=>、!= があります。== は演算子の左右に書いた値が等しいかどうかを調べます。< は左が右より小さい。> はその逆。=< は左が右以下。=> はその逆。!= は左右が等しくないかどうかを調べます。

　比較演算子を使ったプログラムを書いてみましょう。

```
int L = 48;
int M = 48;
int A = 12;
boolean a = L == M;
boolean b = M <= A;
println(a, b);
```

　整数型の変数 L には48、M にも48、A には12 を代入しました。その後で L == M という演算をして、その結果を a に代入しています。結果は左右が等しいので真、つまり true となります。真偽（true または false）を保存する変数の型は boolean 型です。M <= A の演算を行うとどうでしょう。M は A より大きので偽、つまり false となります。

Chapter 7

アニメーションを作る

　マウスに反応するプログラムやアニメーションを作りたいなら、連続して実行される仕組みが必要になるでしょう。ここでは、そのような連続して実行される仕組みと、それに関連したいくつかのテクニックを学びます。

7.1　draw()

　連続して実行されるプログラムを書くには、**draw**（ドロー：描く）という名前のファンクションが必要になります。この draw() の中に書いたコードは、停止ボタンを押すか、またはウィンドウを閉じるまで実行が続きます。実行が続くというのは、この中に書いたコードのすべてが毎秒 60 回のペースで上から順番に繰り返し実行され、その度に画面が書き換えられるということです。これを毎秒「60 フレーム（60 コマ）」と言います。この 60 フレームというのはデフォルトの設定ですが、**frameRate**（フレームレート）を使って変更することもできます。たとえば毎秒 30 フレームにしたいなら frameRate(30) とします。連続的に実行されるとき、そのそれぞれのフレームには番号が付けられ、この番号は **frameCount**（フレームカウント）という変数に保存されます。次のプログラムで確かめてみましょう。

```
void draw() {
  println(frameCount);
}
```

　draw() の中というのは、{ から } までの範囲ということです。実行されるたびにフレーム番号がコンソールに出力されるのがわかります。停止ボタンを押すまで実行が続くこともわかりますね。void（ボイド）と書くことについては後で説明しますので、今はこのように書くのだと受け入れておいてください。frameRate(1) と設定を変更して、もう一度確かめてみましょう。

```
void draw() {
  frameRate(1);
  println(frameCount);
}
```

今度は、とてもゆっくり実行されることがわかります。

7.2 setup()

　一度だけ実行するプログラムは、**setup**（セットアップ：設定）ファンクションに書きます。setup()の中に書いたコードは、draw()に書かれたコードを実行する前に一度だけ実行されます。たとえば、ウィンドウのサイズを設定するのは初めに一度だけですから、setup()の中に書きます。frameRate()や塗り色も、一度設定して変更しないならsetup()の中に書きます。次のプログラムで確かめてみましょう。

```
void setup() {
  size(480, 120);
  frameRate(10);
  fill(100, 60, 30);
}
void draw() {
  background(255);
  println(frameCount);
  ellipse(frameCount, 60, 50, 50);
}
```

　size()、frameRate()、fill()の設定はsetup()で行いました。draw()では、ウィンドウの背景を塗りつぶし、frameCountをコンソールに書き出します。その後、円を描くのですが、1ずつ増加するframeCountを利用してx座標を指定していますから、ボールが右に移動しているように見えるのです。

図 7-1　ボールが右へ移動

7.3　マウスの位置を使う

Processing では、マウスの位置は **mouseX** と **mouseY** という名前の変数にいつでも入っています。mouseX にはマウスの x 座標が、mouseY には y 座標が入っています。試してみましょう。

```
void setup() {
  size(480, 120);
  fill(0, 10);
}

void draw() {
  ellipse(mouseX, mouseY, 50, 50);
}
```

円を描くとき、その中心座標 mouseX と mouseY を使っています。実行すると**図 7-1**のようにマウスを追いかけるように円が描かれます。

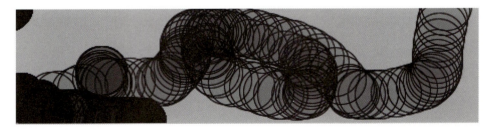

図 7-2　マウスを追いかける円

Chapter 8
制御構造

　これまで見てきたプログラムは、書かれた命令が上から順番に1行ずつ実行され、最後の行に書かれた命令を実行して終了する、という単純なものでした。しかし、それだけではさまざまな課題をプログラミングによって解決することはできません。ある一定の条件を満たすまで実行を繰り返したり、一定の条件によって処理を切り替える構造が必要です。

　プログラミングには、単純に上から順に実行して終了するという「順次構造」の他に、一定の条件を満たすまで繰り返す「反復構造」と、一定の条件を満足したとき処理を切り替える「分岐構造」があります。ここでは、反復構造と分岐構造を見ていきましょう。

8.1　反復構造

　図8-1のように、円を何個も繰り返して描く場合を考えてみましょう。次のように書きます。

```
size(480, 120);

ellipse(0, 60, 40, 40);
ellipse(60, 60, 40, 40);
ellipse(120, 60, 40, 40);
ellipse(180, 60, 40, 40);
ellipse(240, 60, 40, 40);
ellipse(300, 60, 40, 40);
ellipse(360, 60, 40, 40);
ellipse(420, 60, 40, 40);
ellipse(480, 60, 40, 40);
```

図8-1　繰り返して円を描く

ellipse()が9回繰り返して使われています。この時、中心のx座標を指定する1つ目のパラメータが0から始まって60ずつ増加しています。他は変化しません。これをもっと簡素に書く方法があります。**for**（フォー）ループ（loop）を使う方法です。

```
size(480, 120);

for (int x=0; x<=480; x=x+60) {
  ellipse(x, 60, 40, 40);
}
```

forループは以下のような構造になっています。まずforで始まり、( )の中に3つの部分がセミコロン；で区切られています。「初期化」の部分は、繰り返しを数えるカウンターとして用いる新しい変数を定義して初期化します。「テスト」の部分は、繰り返しを続けるかどうかを判定します。「更新」の部分は、カウンターの値を更新します。{ }の中に書かれた「繰り返し」の部分が繰り返して実行されるのです。

```
for (初期化; テスト; 更新) {
   繰り返し1;
   繰り返し2;
   ……
}
```

図8-1の例をforループで書くために、変数xが繰り返しのカウンターとして定義され、初期値として0が設定されます。繰り返しを続けるかどうかの判定としてx<=480、すなわちxが480以下かどうかを調べます。<と>は不等号です。<=は以下を、>=は以上を意味します。xは60ずつ増加して更新されます。したがって、xが0、60、……、480と変化して、ellipse()を9行繰り返して書いたプログラムコードと同じ結果が得られるのです。

8.2　分岐構造

条件によって処理が変化するようにしてみましょう。たとえば、もしマウスがウィンドウの上半分の領域にあるなら白色で描き、下半分の領域にあるなら黒色で描くというものです。このように、「もし」というのをプログラミングでは **if**（イフ）で表現し、処理が変化することを「分岐」と言います。

```
void setup() {
  size(480, 120);
}

void draw() {
  fill(0);
  if(mouseY < 60) {
    fill(255);
  }
  ellipse(mouseX, mouseY, 50, 50);
}
```

ウィンドウのサイズは 480 × 120 です。draw() では塗り色を fill(0) でとりあえず黒に設定します。もし、mouseY の値が 60 より小さかったら、すなわち上半分にマウスがあるなら白に設定しなおします。そうでなければ黒のままです。これを if の {} で処理しているのです。色が決まったら円を描きます。実行してみましょう（**図8-2**）。

図8-2　マウスの位置によって変化する円の色

if の基本的な構造は、次のようになっています。

```
if (テスト) {
  実行1;
  実行2;
  ……
}
```

　この例で、「テスト」の部分はmouseY < 60です。mouseYの値が60より小さいかどうかを評価します。ウィンドウの上半分にマウスがあれば60より小さいので、その評価はtrue（トゥルー：真）となり、下半分にあれば60以上となって、評価はfalse（フォルス：偽）となります。もしその評価がtrueなら、{}で囲まれた部分にあるコードを実行します。

　この例では、とりあえずfill(0)で塗り色を黒と設定します。その後でifを使って、マウスが上半分にあればfill(255)として塗り色を白に変更します。この例の場合、基本的な構造の「実行」に相当する部分は1行だけですが、この部分は複数行あっても構いません。もしその評価がfalseなら、この部分は実行されず、}のその次の行が実行されるのです。この例では、ellipse(mouseX, mouseY, 50, 50)が実行されます。ですから、黒のままになります。

　ifの構造をもう1つ使ってみましょう。

```
if (テスト) {
  実行1;
  実行2;
  ……
} else {
  実行3;
  実行4;
  ……
}
```

　else（エルス）が追加されています。「実行3」や「実行4」の部分には、条件を満たさなかったときの処理を書きます。先ほどの例をこの書き方で書けば次のようになります。

```
void setup() {
  size(480, 120);
}
```

```
void draw() {
  if(mouseY < 60) {
    fill(255);
  } else {
    fill(0);
  }
  ellipse(mouseX, mouseY, 50, 50);
}
```

Chapter 9

ファンクション（関数）の作り方

　ここまで、たくさんのファンクションを使ってきました。最初に使ったのはbackground()でした。ウィンドウの背景色を指定するファンクションですね。()の中にパラメータの値を指定しました。たとえば、background(255)ならウィンドウの背景が白色になりました。background(255, 0, 0)なら赤色です。background(255, 0, 0, 10)も赤色ですが、半透明です。ellipse()も何度も使いました。楕円を描くファンクションです。パラメータは4つあって、1つ目は円の中心のx座標、2つ目はy座標、3つ目は幅、4つ目は高さでした。

　このようにファンクションは、一定の機能を持つプログラムと考えることができます。この機能を利用するには、ファンクションの名前とパラメータの値を指定します。これを「呼び出し」と言います。Processingにはたくさんのファンクションが用意されていて、これらを呼び出し、組み合わせてプログラムを作ることができるのです。

　一方、ファンクションは自分で作ることもできます。ここでは、ファンクションの作り方について学びます。

9.1　ファンクションを作る

　図9-1のような同心円を描くことから始めましょう。この同心円は、直径が100の円から始まって、直径が90、80、70と順に10ずつ小さくなって、最後の直径は10になっています。

図9-1　同心円

　図9-1は、次に示すプログラムで描いています。まず、ウィンドウのサイズを指定します。次にtranslate()を使ってその中心まで座標の原点を並行移動し、forを使って作図を繰り返します。dは円の直径です。大きい方の円から描き始めますので初期値は100で、d>=10の条件を満たす間、直径dを10ずつ減少して繰り返します。

```
size(240, 240);
translate(120, 120);
for (int d=100; d>=10; d=d-10) {
  ellipse(0, 0, d, d);
}
```

　このような同心円を描く機能をまとめて、ファンクションを作りましょう。ファンクションの名前をdoshinen()と決めます。ウィンドウの大きさを設定するところはsetup()の中に書き、その他はdoshinen()の中に書くことにします。前述したように、ファンクションを利用することを「呼び出す」と言うことがありますが、このdoshinen()を呼び出す部分をdraw()の中に書きます。

```
void setup() {
  size(480, 240);
}

void doshinen() {
  translate(120, 120);
  for (int d=100; d>=10; d=d-10) {
    ellipse(0, 0, d, d);
  }
}

void draw() {
  doshinen();
}
```

実行してみてください。うまくいきましたか。void doshinen()から始まる部分がファンクションです。このファンクションにはパラメータがありません。呼び出すといつも(120, 120)という位置に描くことになります。どこか指定した位置に描きたいなら、その位置をパラメータとしなければなりません。doshinen()のカッコの中にこれらのパラメータを追加します。それらのデータ型は実数だと仮定して、float型で追加します。変数の名前はxとyです。translate(120, 120)の代わりにtranslate(x, y)とします。

```
void setup() {
  size(480, 120);
}

void doshinen(float x, float y) {
  translate(x, y);
  for (int d=100; d>=10; d=d-10) {
    ellipse(0, 0, d, d);
  }
}
```

この変更に対応するように呼び出しも修正します。doshinen(300, 60)のように、描きたい場所を指定して実行してみましょう。

```
void draw() {
  doshinen(300, 60);
}
```

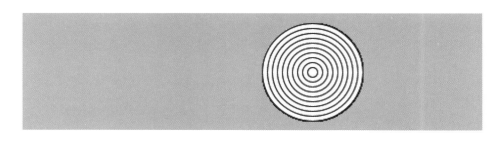

図9-2　パラメータを追加したdoshinen()

draw()の中で呼び出すときにmouseXとmouseYを使うように書き直せば、図9-3のようになりますね。このように、ファンクションは一度作っておけば何度でも繰り返し使うことができるのです。

```
void draw() {
  doshinen(mouseX, mouseY);
}
```

図9-3　マウスに連動するdoshinen()

9.2 戻り値のあるファンクション

　もう少しファンクションについて学びましょう。今度は図形を描くのではなく、計算するファンクションについて考えます。三角形の面積を例題としましょう。ファンクションの名前は自由に決めることができますが、ここでは**area**（エリア：面積）とします。パラメータは底辺の長さと三角形の高さです。ですから、ファンクションのかたちは次のようになるでしょう。

```
void area(float a, float h) {

}
```

　a は底辺の長さ、h は三角形の高さとするつもりです。長さや高さは小数点数であることが一般的ですから、float 型としています。面積は底辺の長さ×高さ÷2 で計算できますから、

```
a * h / 2.0;
```

となり、この結果を float 型の変数 s に代入するなら、

```
float s = a * h / 2.0;
```

となります。この結果を println(s) でコンソールに出力します。これらを area ファンクションの中に以下のように書きます。

```
void area(float a, float h) {
  float s = a * h / 2.0;
  println(s);
}
```

　呼び出しは setup() の中に書きます。底辺の長さが 95.5（mm）で三角形の高さが 62.0（mm）の三角形の面積を計算したいなら、次のようにします。

```
void setup() {
  area(95.5, 62.0);
}
```

実行してみましょう。2960.5がコンソールに表示されるでしょう。

さて、これまでに何度も登場している「void（ボイド）」とは何だったのでしょうか。このことについて説明しましょう。先ほどのファンクションは、計算した面積をprintln()でそのままコンソールに出力しています。もし、三角形が複数あって、その数だけarea()を呼び出し、それらの面積の合計を求めたいなら、このままではコンソールを見て後で自分で合計を計算しなければなりません。合計もプログラムの中で実行したいなら、一つひとつの計算結果を変数に保存する仕組みが必要になります。保存するために計算結果sを、呼び出し側に戻さなければなりません。println(s)の代わりにreturn sと書きます。**return**（リターン：戻る）は、呼び出したところへ計算結果を戻しなさいという意味です。この場合はsを戻します。このsのような変数を「戻り値」と呼びます。先ほどのファンクションには戻り値がありませんでした。実は、この戻り値がない「空っぽ」ということを「void（空）」と書いていたのです。今度は戻り値があって、しかもそれがfloat型ですから、voidの代わりにfloatと書きます。

```
float area(float a, float h) {
  float s = a * h / 2.0;
  return s;
}
void setup() {
  float s1 = area(95.5, 62.0);
  float s2 = area(82.0, 119.5);
  float s = s1 + s2;
  println(s);
}
```

この例では、1つ目の三角形の面積を計算して戻ってきた値をs1に代入しています。また、2つ目の計算結果をs2に代入しています。合計をsに代入して、println(s)でコンソールに出力します。結果は、7860.0ですね。これが戻り値のあるファンクションです。

Chapter 10
オブジェクト指向プログラミング

「オブジェクト指向プログラミング」と聞くと、なんだかとても難しそうに聞こえるかもしれませんが、複雑なソフトウェアの開発では、問題を整理して考え、シンプルにまとめ上げるのにとても役立つやり方です。シンプルに整理するために、プログラミングの対象を現実世界のモノ（オブジェクト）に見立て、その振る舞いをプログラミングします。オブジェクトをそれぞれ固有の「データ」と「動作」に分解して考えます。

オブジェクトの例として自動車を考えてみましょう。自動車の固有のデータとは、たとえば車体の色、エンジンの大きさ、乗車できる人数、速度、進む方向などです。オブジェクト指向プログラミングでは、これらのデータは「属性」とか「プロパティ」とか、単に「データ」と呼ばれることがありますが、ここではProcessingの開発者であるベン・フライとケイシー・リースの著書に倣って、これらを「**フィールド**」と呼ぶことにします。また、自動車はさまざまな動作をします。たとえば、エンジンをスタートするとか、アクセルを踏んで加速するとか、ブレーキを踏んで減速するとか、右に曲がるとか、停止するとか、さまざまです。このような動作を「**メソッド**」と呼びます。

自動車という複雑なシステムも、このようなフィールドとメソッドに分解して整理すればシンプルに考えることができるというわけです。さらに、街の交通システムを考えるなら、このような自動車というオブジェクトが走り、それは他の自動車と出会ったり、別のオブジェクト、たとえば信号機に遭遇したりします。オブジェクト間の相互作用として記述していくことによって、交通システムというより複雑な事象の全体を作り上げていくことも可能になります。ここでは、もう少し簡単な、ボールの運動から始めましょう。

10.1 ボールの運動

　ウィンドウの中を水平に移動し、壁にぶつかれば跳ね返る1つのボールを考えましょう。ボールに関わるさまざまなデータのうちで、大きさを示す半径、位置を示す x 座標と y 座標、速度と色のデータだけを扱います。まず、これらの値を保存するための変数が必要です。それぞれ float 型の radi、posx、posy、speedx および color 型の clr とします。それぞれ radius（ラジウス：半径）、position（ポジション：位置）、speed（スピード：速さ）、color（カラー：色）という単語に因んでいます。

```
float radi, posx, posy, speedx;
color clr;
```

　これらに具体的な値を代入するには、= を使って setup() の中で設定します。

```
void setup() {
  size(480, 120);
  noStroke();
  radi = 22;
  posx = 260;
  posy = 60;
  speedx = 5;
  clr = 255;
}
```

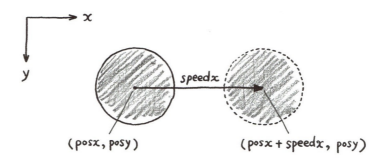

図10-1　ボール位置の変化

水平方向の移動は、**図10-1**のように、水平方向の位置 posx に speedx を加えて posx の値を更新し、ボールの新しい位置とします。1コマで speedx だけ移動するというわけです。

```
posx = posx + speedx;
```

その結果、もしも**図10-2**のようにボールが width（ウィンドウの右端）を超えてしまったら、speedx を逆向きにします。跳ね返るのです。現実の世界では、ボールが壁を越えることはありません。しかし一定の時間間隔でシミュレーションするなら、ちょうど壁に当たるタイミングはむしろ稀でしょう。ですから、少々壁を超えたところを衝突と考えます。posx はボールの中心ですから、posx+radi が width に等しくなった時がちょうど右端にぶつかった時です。posx+radi が width を超えてしまったら跳ね返るように、次のように if を使います。もし、この条件を満たす場合には、スピードを逆向きにして、さらに位置を右端に修正しています。

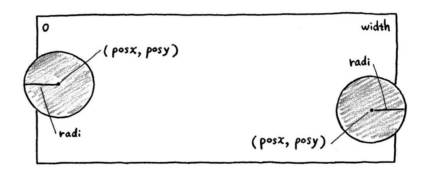

図10-2　壁への衝突と跳ね返り

```
if (posx + radi > width) {
  speedx = -speedx;
  posx = width - radi;
}
```

反対に0（左端）を超えてしまっても、speedx を逆向きにし、位置も修正します。

```
  if (posx - radi < 0) {
    speedx = -speedx;
    posx = radi;
  }
```

位置が決まったら、円をそのサイズと色で描けばいいわけですから、

```
fill(clr);
ellipse(posx, posy, radi*2, radi*2);
```

とすればいいでしょう。位置の計算や速度の変更および描画は、一定の時間間隔で繰り返さなければなりませんから、draw()の中に書く必要があります。描画の前にbackground()で背景を塗りつぶし、直前のボールをいったん消すことを忘れてはいけません。したがって、プログラムコードの全体は次のようになります。

```
float radi, posx, posy, speedx;
color clr;

void setup() {
  size(480, 120);
  noStroke();
  radi = 22;
  posx = 260;
  posy = 60;
  speedx = 5;
  clr = 255;
}

void draw() {
  background(128);
  posx += speedx;
  if (posx + radi > width) {
    speedx = -speedx;
    posx = width - radi;
  }
  if (posx - radi < 0) {
    speedx = -speedx;
    posx = radi;
  }
  fill(clr);
  ellipse(posx, posy, radi*2, radi*2);
}
```

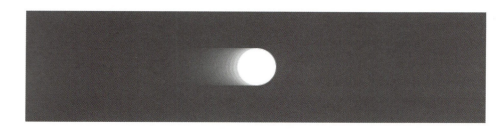

図10-3 運動するボール

10.2 オブジェクト指向

だだ1つのボールなら、前述のプログラムで十分でしょう。2つなら、3つなら、もっとたくさんなら、どうすればいいでしょう。こんなとき、「オブジェクト指向」という考え方とプログラミングがとても便利です。今回のプログラムでは、ボールをオブジェクトと考えます。ボールの「大きさや色」「スピード」などのデータはフィールドです。また、ボールには「移動する」「衝突する」「跳ね返る」などの動作がありますが、これはメソッドです。このような特徴をもったボールのモデルを、ここでは「ボール（Ball）型」のオブジェクトとして扱います。オブジェクト指向で書き直すと次のようになります。

```
Ball b1;

void setup() {
  size(480, 120);
  noStroke();
  b1 = new Ball(22, 260, 60, 255, 5);
}

void draw() {
  background(128);
  b1.update();
}

class Ball {
  float radi, posx, posy, speedx;
  color clr;

  Ball(float r,float x,float y,color c,float sx) {
```

```
    radi = r;
    posx = x;
    posy = y;
    clr = c;
    speedx = sx;
  }

  void update() {
    posx = posx + speedx;
    if (posx + radi > width) {
      speedx = -speedx;
      posx = width - radi;
    }
    if (posx - radi < 0) {
      speedx = -speedx;
      posx = radi;
    }
    fill(clr);
    ellipse(posx, posy, radi * 2, radi * 2);
  }
}
```

　このプログラムは4つの部分（ブロック）に分けて見ることができます。最初のブロックは、「ボール型の変数（オブジェクト）b1を用意する」部分です。次のブロックは、setup()の中に書かれた「ウィンドウのサイズなどを設定して、オブジェクトの実体を生成する」部分です。3つ目のブロックは、draw()の中に書かれた「オブジェクトを更新する」部分です。最後のブロックは、「ボール型のオブジェクトの設計図となる」部分で、クラス（class）と呼ばれます。
　最後のブロック「クラス」から見ていきましょう。Ballと名付けたオブジェクトを定義する、つまり設計図であることを、

```
class Ball {

}
```

で示しています。キーワードのclassは必ず小文字です。名前は任意ですが、Ballのように大文字で始めるのが普通です。このカッコ{}の中に設計図となる部分を書いていきます。まず、フィールドと呼ばれる部分があります。Ballには、大きさ、位置を表すx座標とy座標、速さ、色が固有のデータとして備わっています。それぞれradi、posx、posy、speedx、clrと名付けましょう。はじめの4つは実数

float 型がいいでしょう。したがって、

```
float radi, posx, posy, speedx;
```

とします。最後の色は color 型です。したがって、

```
color clr;
```

とします。次に「コンストラクタ（constructor）」と呼ばれる部分があります。

```
Ball(    ) {

}
```

　コンストラクタは、このようにクラスと同じ名前で定義され、実体を生成するときの初期値の設定を目的としています。この例では、r、x、y、c、sx の各パラメータに渡されたデータを、radi = r などとして radi、posx、posy、clr、speedx にそれぞれ代入します。コンストラクタを使って具体的な値を代入することで、大きさもスピードも異なるさまざまなボールを生成することができるのです。
　クラスには、もう1つ特徴的な部分があります。オブジェクトの動作を記述するメソッドと呼ばれる部分です。この例には、**update**（アップデート：更新）という名前のメソッドが1つあります。update では、**図10-1**に示したように、水平方向の位置 posx に speedx を加えて posx の値を更新し、ボールの新しい位置を計算します。posx = posx + speedx というところです。そして、その結果、もしもボールが width（ウィンドウの右端）を超えてしまったら、speedx を逆向きにします。反対に 0（左端）を超えてしまっても speedx を逆向きにします（**図10-2**）。この操作を2つの if ブロックで行います。最後に fill(clr) で塗り色を設定し、ellipse() で (posx, posy) の位置にサイズ radi * 2 の円を描きます。

```
fill(clr);
ellipse(posx, posy, radi * 2, radi * 2);
```

　ここまでがクラスです。もう一度整理すると、クラスは、キーワード class に続いてクラスの名前、{ から最後の } までの間に、フィールド、コンストラクタ、メソッドを書いて構成されています。

最初に定義した Ball 型のオブジェクト b1 に対して、setup( ) の中で new というキーワードに続けて大きさ、位置（x, y）、色、スピードを具体的に指定して実体を生成しています。クラスが設計図なら、これは設計図にしたがって製品を世の中へ送り出す生産工程と見ることができるでしょう。なお、具体的な値を与えられて生成された実体を「インスタンス（instance）」と呼ぶことがあります。draw( ) の中に書かれたコードは一定の速さ（デフォルトでは毎秒 60 フレーム）で連続的に実行されますが、このとき background(128) ですべての画像をいったん消し、b1.update( ) で更新されたボールを描画しますから、ボールが動いて見えるのです。

10.3　ボールを追加する

　ボールをもう1つ追加するにはどうしたらいいでしょう。ボールの移動や跳ね返りなど、もう1つのボールのためにまたプログラムを書く必要はありません。クラスは設計図のようなものですから、この設計図を使ってボールをもう1つ、あるいは何個でも作り、追加することができます。そのやり方を見てみましょう。まず、1行目に書いた Ball 型の宣言に変数を追加します。

```
Ball b1, b2;
```

　これで b2 という名前のボールも作る準備ができました。続いて、設計図すなわちクラスに基づいて、ボールの実体を生成します。具体的には、大きさ、位置（x, y）、色、スピードを指定するのです。半径 10 の黒いボールを (100, 100) の位置からスピード -6 でスタートさせます。ボール b1 の実体を生成した後に、次のように書き加えます。

```
b2 = new Ball(10, 100, 100, 0, -6);
```

　これで、2つ目のボールもできました。あとはこれを動かす番です。update( ) ですね。b2 の update( ) を実行したいのですから、draw( ) の中に b2.update( ); と書き加えます。

```
b2.update();
```

実行してみましょう。図10-4のようになりましたか。

図10-4 運動する2つのボール

10.4 50個のボール

　もっとたくさんのボールを描きたいときには配列を使うと便利です。プログラムは次のようになります。ここでの変更点は、1行目でBall型の配列ballsを定義しているところと、setup()とdraw()でforループを使っているところです。クラスに変更はありません。

```
Ball[] balls = new Ball[50];

void setup() {
  size(480, 120);
  noStroke();
  for (int i = 0; i < 50; i++) {
    float r = random(5, 10);
    float x = random(width);
    float y = random(height);
    color c = color(random(255), random(255), random(255));
    float s = random(-5, 5);
    balls[i] = new Ball(r, x, y, c, s);
  }
}

void draw() {
  background(204);
  for (int i = 0; i < 50; i++) {
    balls[i].update();
  }
}
```

```
class Ball {
  float radi, posx, posy, speedx;
  color clr;

  Ball(float r,float x,float y,color c,float sx) {
    radi = r;
    posx = x;
    posy = y;
    clr = c;
    speedx = sx;
  }

  void update() {
    posx = posx + speedx;
    if (posx + radi > width) {
      speedx = -speedx;
      posx = width - radi;
    }
    if (posx - radi < 0) {
      speedx = -speedx;
      posx = radi;
    }
    fill(clr);
    ellipse(posx, posy, radi*2, radi*2);
  }
}
```

　最初にBall[] balls = new Ball[50];でボール型の配列を定義しています。Ball[]がボール型の配列を準備することを、次のballsが変数の名前を、50が個数を示しています。draw()の中で、forループを使ってballs[0]からballs[49]まで順番に、大きさ、位置、色、スピードを決めて実体を生成します。このとき、大きさ、位置、色、スピードをランダムに設定しているのです。draw()の中では、これら50個のボールのすべてを1つずつ更新します。実行してみましょう。**図10-5**のようになります。

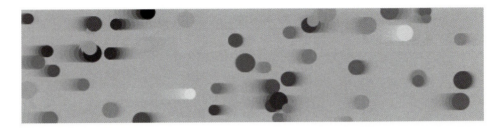

図10-5　50個のボール

10.5　自由に運動するボール

　これまで、水平に運動するボールを扱ってきましたが、今度はさまざまな方向に運動するボールを考えてみましょう。ついでに update というメソッドを **move**（ムーブ：移動する）、**bound**（バウンド：跳ねる）、**display**（ディスプレイ：表示する）の3つに分けて、メソッドについての理解を深めましょう。まず、クラスを次のように修正します。

```
class Ball {
  float radi, posx, posy, speedx, speedy;
  color clr;

  Ball(float r, float x, float y, color c, float sx, float sy) {
    radi = r;
    posx = x;
    posy = y;
    clr = c;
    speedx = sx;
    speedy = sy;
  }

  void move() {
    posx = posx + speedx;
    posy = posy + speedy;
  }

  void bound() {
    if (posx + radi > width) {
```

```
      speedx = -speedx;
      posx = width - radi;
    }
    if (posx - radi < 0) {
      speedx = -speedx;
      posx = radi;
    }
    if (posy + radi > height) {
      speedy = -speedy;
      posy = height - radi;
    }
    if (posy - radi < 0) {
      speedy = -speedy;
      posy = radi;
    }
  }

  void display() {
    fill(clr);
    ellipse(posx, posy, radi*2, radi*2);
  }
}
```

　フィールドに縦方向のスピードspeedyを追加しました。コンストラクタのパラメータもこの分が増えています。speedyの初期化も追加されています。update()だった部分は、ボールの移動、跳ね返り、表示の3つに分割しました。それぞれ、move()、bound()、display()です。bound()では、上下の壁にぶつかった時の跳ね返りも考慮しなければなりませんので、ifが2つ追加されています。setup()とdraw()も少し修正します。

```
Ball[] balls = new Ball[10];

void setup() {
  size(480, 480);
  noStroke();
  for (int i = 0; i < 10; i++) {
    float r = random(5, 10);
    float x = random(width);
    float y = random(height);
    color c = color(random(255), random(255), random(255));
    float sx = random(-5, 5);
    float sy = random(-5, 5);
    balls[i] = new Ball(r, x, y, c, sx, sy);
```

```
    }
  }
  void draw() {
    background(128);
    for (int i = 0; i < 10; i++) {
      balls[i].display();
      balls[i].move();
      balls[i].bound();
    }
  }
```

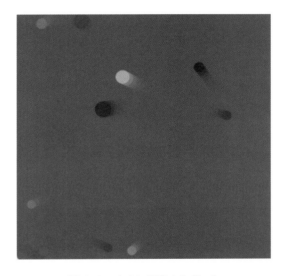

図10-6　自由に運動するボール

　特に、draw()の中に書いたメソッドの呼び出しを見てください。オブジェクトの名前にドット（.）を付けて、それぞれのメソッドを呼び出しています。なお、ボールの数は10個としました。このように、クラスに対してメソッドを定義しておけば、オブジェクトのそれぞれに対してメソッドを呼び出し、オブジェクトの振る舞いをシミュレーションすることができるのです。ここでは、ボールとボールが衝突することについて考えませんでしたが、ボールが別のボールに衝突して互いに反発する、たとえばcollide（コライド：衝突する）と名付けたメソッドを追加すれば、ボールとボールの衝突も観察できるようになるでしょう。

次の Part 2 では、Processing を使ってシミュレーションを実装します。Processing では簡単に図形を描くことができました。また、draw( ) という仕組みのおかげでアニメーションも容易に作れます。シミュレーションには計算が欠かせませんが、その結果をグラフィックで示したりアニメーションで表現したりすることも大切です。Processing は強力なツールとなるでしょう。オブジェクト指向プログラミングも可能なら、より複雑な現象のシミュレーションも可能となるでしょう。

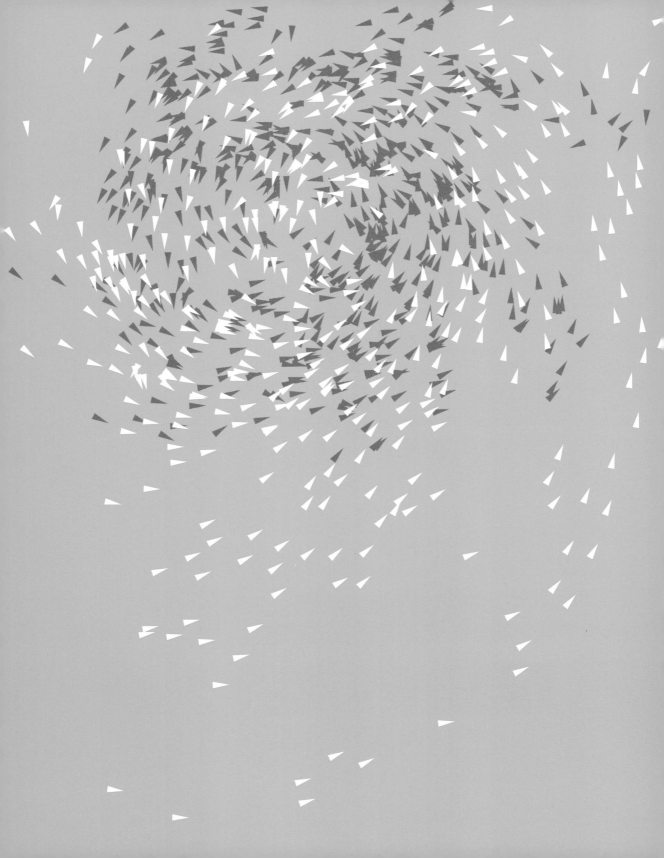

Part 2

コンピュータ
シミュレーション

Part 2 コンピュータシミュレーション

1 Introduction

「シミュレーション」と「モデル」とは

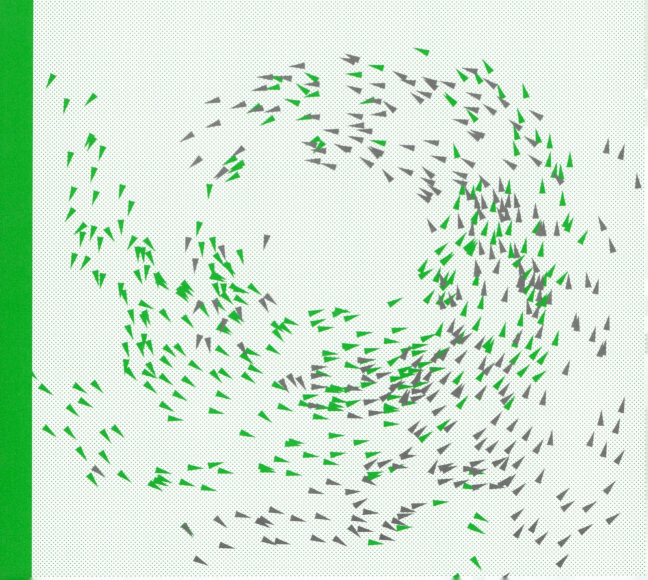

「シミュレーション」の語源には諸説あるようですが、ラテン語の「similis」から来ているというのが有力なようです。フランス語の similaire、イタリア語の simile、スペイン語、英語の similar などはすべて同じ意味の「似ている」を指す言葉です。ですから simulation は「似せること」とか「似せた結果として生じたもの」ということになります。日本語でまれに「模擬実験」と言うこともあります。というわけで、広い意味で私たちはさまざまな場面でシミュレーションに関わっていると言ってもいいでしょう。

避難訓練はその一例です。火災を想定した避難訓練では、出火箇所と出火時間を想定して避難を開始します。あらかじめ設定した役割分担と行動マニュアルに基づいて模擬的に避難が行われ、実際の火災発生時に速やかな行動がとれるように訓練が行われます。また、避難が完了するのにかかった時間や混乱がなかったかなど検証が行われて、役割分担や行動マニュアルの点検と改善に役立てられます。そのためにはできるだけ実際に近い状況を作ることが必要ですが、実際に火災を発生させるわけにはいきません。本物で訓練するわけにはいきませんから、「できるだけ似ている」状況を作って訓練をするのです。「できるだけ」というところは、得られる知見の精度に影響しますから重要です。過去にあった実際の火災を参考にして、現実に即した「モデル」を想定することが必要です。モデルを作って、試し、その結果として得られる知見を活用するというわけで、これもシミュレーションのひとつと言っていいでしょう。

シミュレーションと呼べるもうひとつの例として「風洞実験」を考えましょう。風洞は、人工的に風の流れを発生させる装置です。その流れの中に、たとえば建物の模型を置き、建物がどのような影響を受けるか、あるいは風が建物周辺でどのように変化し環境に影響するのかなどのデータを収集するために実験を行います。このようなデータ収集にも実際の建物を作るわけにはいきませんから模型を使いますが、実際の現象を模擬するためには建物の模型を正確な縮小率で作るだけでは十分ではありません。風の流れと関係のある慣性力、粘性、重力などの比とも一致させなければなりません。一方、実験の目的には不要な細部までこだわって模型を作る必要はありませんから、適切に省略することも大切です。つまり、現実に即した「モデル」を作ることが重要となるのです。これは、実際に模型を作って実験をする方法のひとつですが、この他にも港湾・海岸地域の模型に水を流し、潮流の変化や汚染物質の拡散状況を調べたり、あるいは建物の模型を作って地震に対する耐震性を予測するなどといった例を挙げることができます。これら

も一種のシミュレーションと言えるでしょう。

このように、広い意味のシミュレーションは、私たちの周りでさまざまなかたちで利用されています。しかし、本書で紹介するのはコンピュータを使って計算するシミュレーション、すなわちコンピュータシミュレーションです。そして、このコンピュータシミュレーションに限っても、現代社会の背後では無数のシミュレーションが行われていて、私たちは、その膨大な計算にほとんど気づくことなく日常生活を送っていると言ってもいいでしょう。天気予報もそのひとつです。天気予報にもモデルがあり、それに基づいて台風の進路や週間天気などを予測しています。ですから「モデルを作って、試し、その結果として得られる知見を活用する」という重要なプロセスは、避難訓練とも、あるいは模型実験とも共通しています。「できるだけ似ているモデルを作る」というところも同じです。

コンピュータシミュレーションで用いるモデルは、「数理モデル」と呼ばれます。現実の問題を論理的に解明し、その重要な要素を抜き出してモデルを作ります。コンピュータで計算するためのモデルですから、多くのモデルは数式の形で表現されます。ここで言う「問題」というのは、避難訓練や風洞実験などと同じで、観測から得られたデータを説明したり、あるいは何らかの予測をしたり、ある決定を下すことだったりします。これを行うために、まずモデルを組み立てるのですが、その過程では、単純化した仮定を立てて現実の問題を数学の問題に置き換えます。重要な変数は何であるのか、それらは相互にどのような関係があるのかなどを考えて、モデルすなわち「数理モデル」を作ります。避難訓練や模型実験と同じように、問題となる現象をできるだけ再現できるようにしなければなりません。一方、問題の本質を損なわないことに留意して、細部を適切に省略し、単純なモデルとすることも大切です。このPart 2の最初に取り上げる問題は、いわゆる人口問題です。英国の経済学者マルサスの「出生数と死亡数が総人口と時間区間に比例する」というアイデアに基づいて世界の人口変化を予測します。単純な数式でモデル化できて、人口の変化を予測することができます。

シミュレーションでは、得られた結果を現実の問題と照らし合わせてモデルを検証することも大切です。理論上の解が現実の状態を観測した結果とうまく一致しているかどうかをチェックするのです。もしそこに良い相関性があれば、そのモデルは観測から得られたデータを説明したり、あるいは何らかの予測をしたり、ある決定を下すことに役立てることができるでしょう。これに反して、シミュレーションの

結果と観測データの間に良好な相関性がなければ、モデルの中の仮定にまで戻って、その仮定を修正したり、何かを付け加えたりしなければなりません。Part 2 の Chapter 1「これから人口はどう増加／減少するのか？」でも、シミュレーションの結果と観測データの間の不一致を、オランダの数理生物学者ヴェアフルストの「人口過密」を考慮に入れたモデルとして修正します。

　シミュレーションのためのモデルは、数式だけで表現できるものとは限りません。周囲から受け取った情報をもとに行動するエージェントをプログラミングで記述して、複数のエージェント間の相互作用として現象をモデル化する、いわゆるマルチエージェントを用いたモデルもいくつか存在します。Part 2 では、森林火災や鳥の群れをこのエージェントでモデル化します。この場合にも、実際の現象とシミュレーションの結果を照らし合わせてモデルを検証することが必要です。良好な相関性がなければ、モデルに登場するいくつかのパラメータを調節したり、場合によってはモデルをはじめから組み立て直さなければならないこともあるでしょう。

　それでは、はじめましょう。

Part 2 コンピュータシミュレーション

Chapter 1

これから人口は どう増加／減少するのか？
──人口変化の数理モデル

　今や人類は史上類を見ない重大な人口問題に直面しています。人口構成や人口動態が急激に変化するきわめて重大な問題であるにもかかわらず、人々はほとんど気づいていないようにも思えます。

　1970年には37億人であった世界の人口は、2024年の今日、なんと80億人を超えています。50年間で2倍以上にふくれあがったのです。1965年から1970年の人口増加率は2.1％ということになるそうです。これは史上最高の増加率です。史上最高を示した世界の人口増加率は、1970年以降現在の1.1％まで大幅に低下したのですが、発展途上地域の人口増加によって急激な人口増加はまだ終わっていません。人口は今後さらに増加し、伸びは鈍化するものの、高齢化や都市部への集中などが顕著となり、先進地域と途上地域の人口バランスも大きな変化が生じると予想されています。

　自分の住んでいる国、あるいは故郷の町の人口が、これからどう増えて、どう減っていくのか、気になる人も多いでしょう。まず手始めに、この章では人口変化のシミュレーションをとりあげます。

1.1 人口変化の数理モデルを作る

英国の経済学者マルサス（1766〜1834）が1798年に出版した論文「人口論」で進めたアイデアに基づいて、人口変化の数理モデルを作ってみましょう。このモデルは単純なもので、最近の複雑な事情を十分に反映しているとは言えない面もありますが、世の中で起こるさまざまな現象を数学的に捉えるはじめの一歩としては最もふさわしいと言えます。

まず、$N = N(t)$ が、ある時刻 t におけるある国の人口を表すものとします。比較的短い経過時間において、出生数と死亡数はともに人口の大きさと経過時間の大きさに比例すると考えることができます（図1-1）。

> ! N は、ある時刻（たとえば1960年1月1日0時）におけるある国（たとえば日本）の人口（たとえば一億二千万人）を表します。時間が経てば、人間は死んだり生まれたりしますから、人口は変化します。人口を縦軸に、時間を横軸にグラフを書くことを想像してみてください。人口 N は時間の関数だと見ることができるでしょう。時間は記号 t で表します。時間の関数、数学の記号で表せば、$N(t)$ です。「人口は時間の関数」という日本語の文章を記号で書くと、$N = N(t)$ となります。

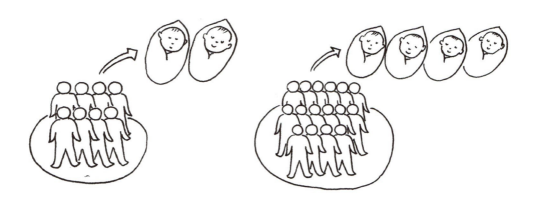

図1-1 「出生数は人口に比例する」と考える

つまり、人口が2倍になれば出生数もほぼ2倍になるでしょうし、1ヶ月の出生数よりも1年の出生数のほうが12倍ほど大きくなるでしょう。出生数は人口と経過時間に比例すると考えられるのです（**図1-2**）。

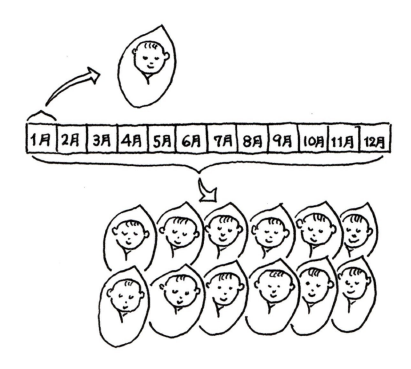

図1-2　「出生数は経過時間に比例する」と考える

死亡数も同じように考えられます。したがって、それを式にすると、

[式1.1]　　　出生数： $= aN(t)\Delta t$
　　　　　　死亡数： $= bN(t)\Delta t$

と表せます。ここで、a と b は比例定数です。Δt（デルタティと読む）は、比較的短い経過時間を表す記号としてよく使われるものです。[式1.1]で、a と Δt を一定とすると、$N(t)$ が2倍、3倍になれば、出生数も2倍, 3倍になります（つまり比例します）。同じように a と $N(t)$ を一定とすると、Δt が2倍、3倍になればやはり出生数も2倍、3倍になります。「出生数が人口と経過時間に比例する」ことを表現できていますね。

死亡数も同じです。したがって、ある時刻 t における人口 $N(t)$ と、時間が Δt だけ経過したときの人口 $N(t+\Delta t)$ の差は、出生数と死亡数の差として次のようになると考えられます。

[式1.2] $\quad N(t+\Delta t) - N(t) = aN(t)\Delta t - bN(t)\Delta t = (a-b)N(t)\Delta t = cN(t)\Delta t$

ここで、$c = a - b$ と置き換えました。[式1.2]で左辺の第二項（$N(t)$）を右辺に移項すると、

[式1.3] $\quad N(t+\Delta t) = N(t) + cN(t)\Delta t = (1 + c\Delta t)N(t)$

となりますね。このような方程式を「差分方程式」と呼ぶことがあります。これに対して、$\Delta t \to 0$ として極限をとると「微分方程式」と呼ばれる数理モデル（巻末の解説参照）を作ることができます。差分方程式を使う場合、一般に経過時間 Δt はできるだけ小さい方が現象を正確に詳細にとらえることができます。実際、微分方程式の厳密な解と、[式1.3]で Δt を十分小さな値とした近似解とは、よく一致することも知られています。

さて、ここからはプログラミングの出番です。[式1.3]で表されるような計算を次々と行っていくには、繰り返し計算の得意なプログラミングがもってこいの道具と言えるからです。その前に、もう一度[式1.3]を眺めてみましょう。右辺のかっこの中の c は、実際の観測などから値はわかるはずです。経過時間 Δt も適当な値を設定することができます。ある時刻 t における人口 $N(t)$ が与えられれば、右辺の計算をすることができますから、次の時刻 $t+\Delta t$ における人口 $N(t+\Delta t)$ がわかります。さらにその次の時刻の人口を計算するには、先に求まった $N(t+\Delta t)$ を右辺の $N(t)$ と置き換えればいいでしょう。[式1.3]は、経過時間 Δt だけ先の人口を次々と計算していくための数理モデルです。

1.2 定数を決める

プログラムを書き始める前に、c の値を決めておきましょう。そのためには実際の人口統計を調べておく必要があります。表1.1は、世界人口の推移（総務省統計局）です。

表1.1　世界人口の推移（単位100万人）

年	人口	年	人口	年	人口	年	人口	年	人口	年	人口
1960	3,019	1970	3,695	1980	4,444	1990	5,316	2000	6,149	2010	6,986
1961	3,068	1971	3,770	1981	4,525	1991	5,406	2001	6,231	2011	7,073
1962	3,127	1972	3,845	1982	4,608	1992	5,493	2002	6,312	2012	7,162
1963	3,196	1973	3,920	1983	4,692	1993	5,577	2003	6,394	2013	7,251
1964	3,267	1974	3,996	1984	4,776	1994	5,661	2004	6,476	2014	7,339
1965	3,337	1975	4,049	1985	4,862	1995	5,743	2005	6,558	2015	7,427
1966	3,406	1976	4,143	1986	4,950	1996	5,825	2006	6,641	2016	7,513
1967	3,475	1977	4,216	1987	5,041	1997	5,906	2007	6,725	2017	7,600
1968	3,547	1978	4,290	1988	5,132	1998	5,987	2008	6,812	2018	7,684
1969	3,621	1979	4,366	1989	5,224	1999	6,068	2009	6,898	2019	7,765

1970年を現在の時刻とし、1971年を次の時刻として考えましょう。この場合、Δt は1年となります。$N(t) = 3695$ で、$N(t + \Delta t) = 3770$ ですね。これを［式1.3］に代入してみます。

［式1.4］　　　　　　　$3770 = (1 + c) \times 3695$

となります。この式から、次の［式1.5］が導かれます。

［式1.5］　　　　　　　$c = 3770 / 3695 - 1 = 0.0202977$

この値（0.0202977）を使って、1971年から2000年までの30年間を、コンピュータシミュレーションで予測してみましょう。もちろん、実際の人口はすでにわかっているわけですが、シミュレーションから得られる結果と実際の人口を比較してみようというわけです。

1.3 コーディングする

変数の準備から始めます。計算は［式1.3］を使って2000年まで繰り返します。その都度、各年の予測値をファイルに書き出すことにしましょう。

1.3.1 変数の準備と値の設定

［式1.3］にある変数を準備しましょう。プログラム中でも時間は t、経過時間は dt とします。人口は N、定数は c です。setup( ) や draw( ) の外に書いて、プログラム中のどこからでも参照できる「グローバル変数」とします。

```
float t, dt;
float N;
float c;
```

setup( ) では、これらに値を設定します。1970年から始めますから、人口は3695、経過時間は1、定数は0.0202977です。

```
void setup() {
  t = 1970;
  dt = 1;
  N = 3695;
  c = 0.0202977;
}
```

1.3.2 計算

計算は繰り返しますから、draw( ) の中に書きます。時間を1だけ増加して、予測される人口を［式1.3］で計算します。

```
  t = t+1;
  N = (1+c)*N*dt;
```

2000年までを予測して終了するなら、次のように if を使って判定する必要があるでしょう。file.flush( ) と file.close( ) で書き出しファイルを閉じて、exit( ) でプログラムを終了します。

```
if (t>2000) {
  file.flush();
  file.close();
  exit();
}
```

1.3.3 ファイル出力

人口の変化をファイルに書き出して、後でグラフにしましょう。csv形式で書き出せば、そのファイルをExcelなどでグラフにすることができます。出力ファイルを指定するために、tやdtなどの宣言と同じ部分にfileという変数を宣言します。

```
PrintWriter file;
```

また、setup()では、データを書き出すファイルの名前を具体的に指定します。ここでは、"Population.csv"としましょう。

```
file = createWriter("Population.csv");
```

データの書き出しはdraw()で行います。println()でコンソールにも書いて、実行中に確認ができるようにします。ファイルへの書き出しはfile.println()を使います。カンマ区切りの形式とするために、tの値とNの値の間に「,（カンマ）」も書きましょう。

```
file.println(t+", "+N);
println(t+", "+ N);
```

1.3.4 プログラムコード

［式1.3］を使った人口予測のプログラムの全体は次のようになります。/* */を使ってコメント（注記）も追加してあります。

```
/* Population */

PrintWriter file;      /* output file */
float t, dt;           /* time, increment */
float N;               /* population */
```

```
float c;                /* coefficient */

void setup() {
  file = createWriter("Population.csv");
  t = 1970;
  dt = 1;
  N = 3695;
  c = 0.0202977;
}

void draw() {
  /* output */
  file.println(t+", "+N);
  println(t+", "+ N);

  /* update */
  t = t+1;
  N = (1+c)*N*dt;

  if (t>2000) {
    file.flush();
    file.close();
    exit();
  }
}
```

1.4　結果を比較してモデルの修正をする

　図1-3は、コードを保存後、計算結果をExcelでグラフにしたものです。実際の統計データも書き加えてあります。シミュレーションの結果（上側）を、観測されている実際の人口（下側）と比較すると、1970〜1980年までの10年間において計算値と実際の数値との誤差は2％未満と、よく一致しているように見えます。しかし、その後においては誤差が次第に増加して、1990年において誤差は4％、2000年には10％程となってしまいます。どんな原因によってモデルによる予測と実際の数値の間に差ができてしまったのでしょう？

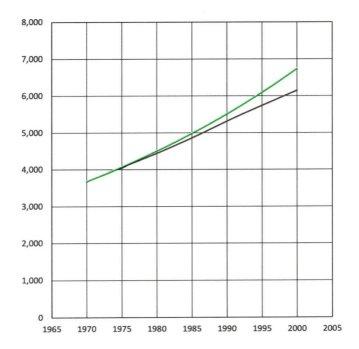

図1-3　上：シミュレーションによる人口の推移　下：実際の人口

　マルサスモデルでは、定数 c が正の値なら時間の経過に伴って人口が限りなく増加します。実際には、食料資源の不足、人口過密、エネルギーの供給不足、環境汚染などさまざまな原因によって人口増加が抑制されることが多いのです。このような状況を無視した仮定に基づいてモデルを構成したことに、誤差を生じさせた原因のひとつがあると考えられます。

　1837年にオランダの数理生物学者ヴェアフルストは、人口過密の原因を考慮に入れてマルサスモデルを修正しました。出生数はマルサスモデルと同じように $N\Delta t$ に比例すると仮定します。死亡数も $N\Delta t$ に比例するのですが、マルサスモデルの死亡数に関する比例定数 b もまた人口に比例して増加すると仮定するのです。すなわち、次のように定式化されます。

［式1.6］　　　　出生数 $= aN(t)\Delta t$
　　　　　　　　死亡数 $= eN(t)N(t)\Delta t$

ここで、a と e は定数です。したがって、

[式1.7] $$N(t+\Delta t)-N(t) = aN(t)\Delta t - eN(t)N(t)\Delta t$$

となり、左辺第二項を移行して整理すると、次のような結論が得られます。

[式1.8] $$N(t+\Delta t) = (1+a\Delta t - eN(t)\Delta t)N(t)$$

［式1.8］には N の二乗の項が含まれているために「非線形（線形すなわち一次関数ではない）モデル」と呼ばれます。

1970〜1971年と1980〜1981年の人口を［式1.8］に代入してみましょう。

[式1.9] $$\begin{cases} 3770 = (1+a-3695e) \times 3695 \\ 4525 = (1+a-4444e) \times 4444 \end{cases}$$

［式1.9］の左辺はそれぞれ1971年と1981年の人口です。右辺には1970年と1980年の人口を代入しました。［式1.9］は a と e に関する連立方程式と見ることができます。整理すると、

[式1.10] $$\begin{cases} 75 = 3695a - 3695^2 e \\ 81 = 4444a - 4444^2 e \end{cases}$$

となります。この連立方程式を解いて a と e を求めると、次のようになりました。

[式1.11] $$a = 0.03051384$$
$$e = 0.000002764856$$

1.5 再びコーディングする

［式1.8］と、［式1.11］で得られた定数を使って、1970年から2000年までの人口を予測しましょう。

1.5.1 変数の準備と値の設定

［式1.8］を使って計算するために、定数 a と e、時間と経過時間 t と dt、人口 N を変数として準備します。ファイル出力のための変数 file も準備しましょう。

```
PrintWriter file;
float t, dt;
float N;
float a, e;
```

setup() ではこれらに値を設定し、ファイルの名前も "NLPopulation.csv" などと指定します。

```
void setup() {
  file = createWriter("NLPopulation.csv");
  t = 1970;
  dt = 1;
  N = 3695;
  a = 0.03051384;
  e = 0.000002764856;
}
```

1.5.2 計算と出力

draw() は基本的に修正前と同じですが、人口の計算には［式1.8］の非線形モデルを使います。ファイルには csv 形式で時刻 t と人口 N を書き出します。コンソールにも書き出しておきましょう。次に時刻 t を進め、非線形モデルで予測します。時刻が2000年を超えたら、ファイルを閉じてプログラムを終了します。

```
void draw() {
  file.println(t+", "+N);
```

```
    println(t+",  "+N);

    t = t+1;
    N = (1+a*dt-e*N*dt)*N;

    if (t>2000) {
      file.flush();
      file.close();
      exit();
    }
  }
```

1.5.3　非線形モデルによるプログラムコード

　ヴェアフルストの［式1.8］と、［式1.11］に示される定数を使ったプログラムの全体は、次のようになります。

```
/*  Population (non-linear) */

PrintWriter file;          /* output file */
float t, dt;               /* time, increment */
float N;                   /* population */
float a, e;                /* coefficient */

void setup() {
  file = createWriter("NLPopulation.csv");
  t = 1970;
  dt = 1;
  N = 3695;
  a = 0.03051384;
  e = 0.000002764856;
}

void draw() {
  /* output */
  file.println(t+",  "+N);
  println(t+",  "+N);

  /* update */
  t = t+1;
  N = (1+a*dt-e*N*dt)*N;

  if (t>2000) {
    file.flush();
```

```
    file.close();
    exit();
  }
}
```

　図1-4は、このプログラムを使ってシミュレーションを行った結果です。2000年までよく予測できていることがわかります。

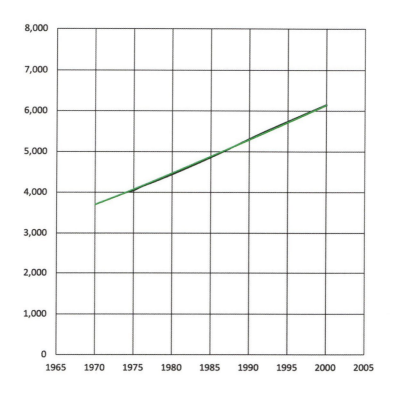

図1-4　修正モデルによる人口の推移。ほぼ重なっている。

やってみよう

1970年から2019年までの40年間の世界人口の推移を、マルサスのモデルとヴェアフルストのモデルで計算してみましょう。

Chapter 1

これから人口はどう増加／減少するのか？——人口変化の数理モデル

Part 2 コンピュータシミュレーション

Chapter 2

勝つのはどっち？
ウサギとキツネの攻防戦

——生態系における
　被食者と捕食者の数理モデル

　ウサギが生息する草原を想像してみましょう。そこにはウサギの餌は十分あります。平穏な日々が続けばウサギはどんどん繁殖するでしょう。しかし、そんな日々は長くは続きません。キツネが登場します。ウサギはキツネにとって絶好の獲物なのです。ウサギとキツネの攻防戦の始まりです。

　ウサギとキツネの繁殖の様子を観察してみましょう。実際のウサギとキツネで試してみるわけにはいきませんから、本章では実験ゲームを作ってシミュレーションします。

2.1 実験する

　実験は、キツネを意味する比較的大きな正方形の紙片と、ウサギを意味する小さな正方形の紙片によって行われます（**図2-1 ～ 2.4**）。机に敷いたシート上で、次の手順に従ってシミュレーションを行い、個体数の変動を記録してください。ウサギは2cm × 2cm で250枚程度、キツネは6cm × 6cm で50枚程度、シートは300cm × 420cm（A3サイズ）程度が適当です。ウサギは常に偏ることなく、なるべく均等に配置します。

1 ）3匹のウサギが適当な間隔で生存している。
2 ）外からキツネを1匹投げ込む。
3 ）キツネに捕食（タッチ）されたウサギを削除する。
4 ）残ったウサギは繁殖すると考えて、その数を2倍にする。
5 ）一度に3匹以上のウサギを捕食したキツネは次の世代に生き残り、子供を1匹出産する。
6 ）捕食できなかったキツネを削除する。
7 ）ただし、キツネがいなくなると必ず1匹が外部から現れる。
8 ）2～7を繰り返して、キツネとウサギの個体数を記録する。

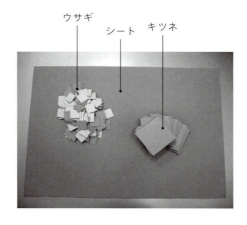

図2-1　実験の準備

図2-2　キツネに捕食されたウサギ

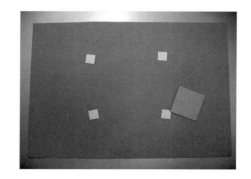
図2-3　生き残ったウサギが繁殖

図2-4　変化した個体数

記録した実験値をグラフにしてみましょう。**図2-5**は実験結果の一例です。

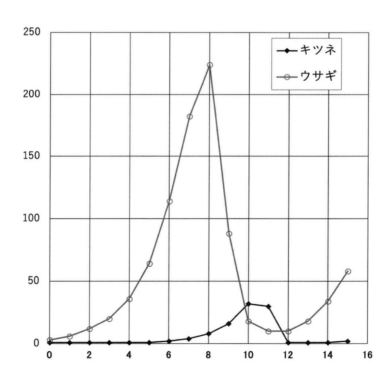
図2-5　個体数の変化を示すグラフ

2.2 生態系の数理モデルを作る

　このような生態系で重要な変数は何でしょう。ウサギとキツネの個体数が時間とともにどのように変化するかを知りたいのですから、ウサギの個体数、キツネの個体数、それと時間です。それぞれを R、F、t で表すことにしましょう。出生率と死亡率も必要です。ウサギの出生率は B_r、ウサギの死亡率は D_r です。B は誕生を意味する Birth の頭文字、D は死を意味する Death の頭文字をとりました。添え字の r はウサギを意味する Rabbit の頭文字です。同じように B_f はキツネ（Fox）の出生率、B_f はキツネの死亡率です。

　ウサギの個体数もキツネの個体数も時間とともに変化するのですから、時間の関数です。$R(t)$、$F(t)$ と書きます。短い経過時間 Δt における出生数と死亡数は、ともに個体数と経過時間の大きさに比例すると考えることができます。つまり、個体数が10倍になれば出生数もほぼ10倍になるでしょうし、1ヶ月の出生数よりも1年間の出生数の方が12倍ほど大きくなるでしょう。出生数は、個体数と経過時間に比例すると考えられるのです。死亡数も同じように考えられます。したがって、ウサギは $B_r R(t)\Delta t$ だけ増加し、$D_r R(t)\Delta t$ だけ減少します。ウサギの個体数 $R(t)$ は、Δt だけ時間が経過した後 $R(t+\Delta t)$ と書けますが、その差は（出生数－死亡数）ですから、次のように書くことができます。

[式2.1]
$$R(t+\Delta t) - R(t) = (B_r - D_r)R(t)\Delta t$$

　同じように、キツネの個体数 $F(t)$ の変化は、

[式2.2]
$$F(t+\Delta t) - F(t) = (B_f - D_f)F(t)\Delta t$$

のようになると考えられます。

　ここからがこのモデルの面白いところです。まず、ウサギから考えましょう。ウサギは一定の出生率で増加すると考えましょう。すなわち、B_r は一定とするのです。一方、死亡率 D_r は変動すると考えます。さまざまな原因で死亡するでしょうが、このモデルではキツネの餌食となって死亡することだけを考えます。そうすると、キツネが少なければウサギの死亡率も低く、キツネが増加するとウサギの死亡率も高くなると考えられます。このような関係の最も単純なのは、ウサギの死亡率 D_r がキツネの個体数 $F(t)$ に比例すると考える、次のような関係です。

[式2.3]
$$D_r = aF(t)$$

ここで、a は比例定数です。

次はキツネです。キツネは一定の死亡率で減少すると考えましょう。すなわち、D_f は一定とするのです。一方、出生率 B_f は変動すると考えます。出生率もさまざまな原因で変動するでしょうが、このモデルでは、キツネにとっては餌であるウサギが豊富であるかどうかに依存すると考えます。ウサギが少なければキツネの出生率も低く、ウサギが増加するとキツネの出生率も高くなると考えます。このような関係の最も単純なのは、キツネの出生率 B_f がウサギの個体数 $R(t)$ に比例すると考える、次のような関係です。

[式2.4]
$$B_f = bR(t)$$

ここで、b は比例定数です。[式2.1] に [式2.3] を、[式2.2] に [式2.4] を代入しましょう。

[式2.5]（[式2.1] に [式2.3] を代入）
$$R(t+\Delta t) - R(t) = (B_r - aF(t))R(t)\Delta t$$

[式2.6]（[式2.2] に [式2.4] を代入）
$$F(t+\Delta t) - F(t) = (bR(t) - D_f)F(t)\Delta t$$

[式2.5] と [式2.6] の左辺第2項を右辺に移項すると、

[式2.7]
$$R(t+\Delta t) = (1 + (B_r - aF(t))\Delta t)R(t)$$

[式2.8]
$$F(t+\Delta t) = (1 + (bR(t) - D_f)\Delta t)F(t)$$

となります。この [式2.7] と式 [式2.8] が、キツネとウサギの生態系をシミュレーションするための数理モデルです。

2.3 時間と個体数について

　実験では時間を1回目、2回目と数えていますが、実際の生態系では時間的な変化は徐々に進行していきます。このことを考慮して、シミュレーションにおける経過時間 Δt を1より小さな値として選びましょう。Δt = 0.01 程度がよさそうです。実験の1ステップを実際の生態系では100日（約3ヶ月）と考えると、経過時間 Δt を0.01とすることは1日ごとに変化を調べていることになります。もうひとつ、個体数についても考えてみましょう。ウサギもキツネも1匹、2匹と数えますから、どちらも整数であるはずです。しかし、シミュレーションでは小数であってもよいことにしましょう。不自然に思われるかもしれませんが、10匹や20匹の生態系ではなく、たとえば単位が千匹であったとすれば、3.029は3029匹ですから、ありえないことではありません。個体数に小数を許した方が計算がうまくいきます。これもモデルに取り入れた仮定のひとつであると考えられます。

2.4 コーディングする

　まず、変数を設定します。計算には［式2.7］と［式2.8］を使います。各ステップでキツネとウサギの個体数をファイルに書き出します。また、ウィンドウにはカラーバーで個体数の変化を示しましょう。

2.4.1 変数の準備と値の設定

　［式2.7］と［式2.8］にある変数を準備しましょう。時間はtで、経過時間はdtとします。ウサギの個体数はRで、キツネはFです。定数はBr、a、b、Dfとします。setup()やdraw()の外に書いて、どこからでも参照できるグローバル変数とします。

```
float t, dt;
float R, F;
float Br, a, b, Df;
```

setup()では、これらに値を設定します。[式2.7]と[式2.8]にある定数は、実際の観測等によるデータに基づいて決定されるでしょう。ここでは冒頭で行った実験から値を決めました（詳細は2.7で解説します）。

```
void setup() {
  size(800,100);
  t = 0;
  F = 1;
  R = 3;
  dt = 0.01;
  Br = 1;
  a = 0.1;
  b = 0.02;
  Df = 1;
}
```

2.4.2 計算

[式2.7][式2.8]の計算を繰り返しますから、これらをdraw()の中に書きます。まず時間をdtだけ進め、RとFを更新します。

```
t = t+dt;
R = (1+(Br-a*F)*dt)*R;
F = (1+(b*R-Df)*dt)*F;
```

2.4.3 ファイル出力

計算結果をファイルに書き出しておくことにしましょう。Chapter 1と同様に、csv形式で書き出します。出力ファイルを指定するために、tやdtなどの宣言と同じ部分にfileという変数を宣言します。

```
PrintWriter file;
```

また、setup()ではデータを書き出すファイルの名前を具体的に指定します。ここでは、"PreyPredator.csv"としてみました。csv形式のファイルの1行目に、時間を示すt、ウサギのR、キツネのFという文字を見出しとして書いておきます。

```
file = createWriter("PreyPredator.csv");
file.println("t,R,F");
```

データの書き出しは draw() で行います。println() でコンソールにも書いて、実行中に確認ができるようにします。ファイルに書き出すには file.println() を使います。計算より先にデータの書き出しを行えば、初期値もファイルに残りますね。

```
println(t+","+R+","+ F);
file.println(t+","+R+","+F);
```

t=30 までを計算して終了するなら、次のように if を使って判定する必要があるでしょう。書き出したファイルを file.flush() と file.close() で閉じて、exit() でプログラムを終了します。

```
if (t>30) {
  file.flush();
  file.close();
  exit();
}
```

2.4.4　個体数の変化をウィンドウに表現する

刻々と変化するウサギとキツネの個体数を、**図2-6**のようにウィンドウに変動するカラーバーで示しましょう。ウサギは白い長方形で、キツネは黄色い長方形で表示します。色の指定には fill() を、長方形を描くには rect() を使います。ウサギの長方形は、(0,0) の位置から横方向の長さをR*2で、縦方向の幅を50で描きます。キツネの長方形は、(0,50) の位置から横方向に長さF*2で、縦方向に50の幅で描きます。*2で2倍しているところは場合によっていろいろ調節してみてください。

```
background(128);
fill(255,255,255);
rect(0,0,R*2,50);
fill(218,179,0);
rect(0,50,F*2,50);
```

図2-6　カラーバーで示す個体数の変動

2.4.5　グラフを描く

csv ファイルを Excel などで開き、グラフを描いてみましょう（**図2-7**）。ウサギとキツネの個体数が周期的に変動することがわかります。**図2-5** の実験結果ともよく似ています。

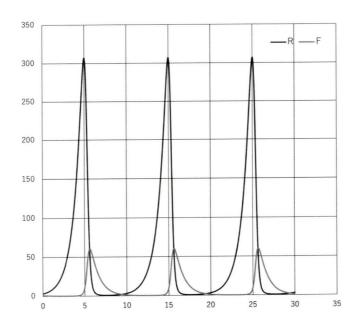

図2-7　計算結果のグラフ

2.4.6 プログラムコード

完成したプログラムは次のようになります。

```
/* Prey and Predator */

PrintWriter file;           /* output file */
float t, dt;                /* time, increment */
float R, F;                 /* rabbit, fox */
float Br, a, b, Df;         /* coefficients */

void setup() {
  size(800,100);
  noStroke();
  file = createWriter("PreyPredator.csv");
  file.println("t,R,F");
  t = 0;
  F = 1;
  R = 3;
  dt = 0.01;
  Br = 1;
  a = 0.1;
  b = 0.02;
  Df = 1;
}

void draw() {
  /* drawing */
  background(128);
  fill(255,255,255);
  rect(0,0,R*2,50);
  fill(218,179,0);
  rect(0,50,F*2,50);

  /* output */
  println(t+","+R+","+ F);
  file.println(t+","+R+","+F);

  /* update */
  t = t+dt;
  R = (1+(Br-a*F)*dt)*R;
  F = (1+(b*R-Df)*dt)*F;

  if (t>30) {
    file.flush();
    file.close();
```

```
        exit();
    }
}
```

2.5 定数の決定について考察する

　本章のシミュレーションでは、$B_r=1$、$a=0.1$、$b=0.02$、$D_f=1$としました。これらの定数の値はどのように決めたらいいのでしょう。これらの値は、はじめに示した実験を模擬できるように決めたのです。まず、

[式2.7]　　　　　$R(t+\Delta t) = (1+(B_r-aF(t))\Delta t)R(t)$

で$F(t)=0$の状態を考えてみましょう。キツネのいない草原は、ウサギにとっては楽園でしょう。時間が1ステップ進むたびに、すなわち$\Delta t=1$だけ時間が進むたびに個体数は2倍に増殖していくでしょう。［式2.7］で$\Delta t=1$、$F(t)=0$とします。すると、$R(t+\Delta t)=(1+Br)R(t)$となりますね。したがって、$1+B_r=2$、すなわち$B_r=1$となります。次に

[式2.8]　　　　　$F(t+\Delta t) = (1+(bR(t)-D_f)\Delta t)F(t)$

$\Delta t=1$、$R(t)=0$の状態を考えてみましょう。$F(t+\Delta t)=(1-D_f)F(t)$となって、時間が$\Delta t=1$だけ進めばキツネは飢餓におそわれて、すべて死滅してしまうでしょう。したがって、$1-D_f=0$、すなわち$D_f=1$となります。次はaとbです。これを決めるのは難しそうなので、いろいろ試してみました。その中で、$a=0.1$、$b=0.02$としたときに実験とシミュレーションがよく合うようです。これを実験と比較して解釈をしてみましょう。［式2.7］で$B_r=1$、$\Delta t=1$、$a=0.1$としてみてください。［式2.7］右辺の定数は$2-0.1F$ですから、キツネが20匹で定数が0、それよりキツネが増加するとこの定数が負となってウサギの個体数は減少するでしょう。**図2-5**と比較すると、この設定は実験をよく模擬していることがわかります。［式2.8］で$D=1$、$\Delta t=1$、$b=0.02$としてみてください。［式2.8］右辺の定数は$0.02R$ですから、ウサギが100匹となるとキツネの個体数が2倍となります。実験でウサギが100匹程度となると、ウサギの密度が高くなるためにキツネはウサギをほぼ確実に3匹以上食べることができて、ほぼ100％の確率で増殖できるようになることと対応しています。

やってみよう

定数を $a=0.2$、$b=0.01$ としてシミュレーションを実行し、グラフにしましょう。

Part 2 コンピュータシミュレーション

Chapter 3

新型インフルエンザが発生した場合、感染はどのように拡大するか？

――感染病流行の数理モデル

　2019年に発生した新型コロナウイルス感染症は、2020年に入ってから世界中で感染が拡大し、2022年8月までに感染者数は累計6億人を超え、世界的流行（パンデミック）をもたらしました。ヒトのほとんどが免疫を持っていない新型の感染症は、いったん発生すると世界的な大流行が引き起こされる危険性があるのです。

　新型インフルエンザの発生も危惧されています。世界保健機関（WHO）の予測によると、新型インフルエンザが大流行した場合は、世界中でなんと500万人～1億5000万人の死者が発生すると言われています。ほんとうにそのような大流行が起こるのでしょうか。

　実は、伝染病の大流行は歴史的に何回か繰り返されており、14世紀のヨーロッパで流行したペストではヨーロッパ人口の3分の1が死亡したと言われています。1918年から翌1919年にかけて世界的に猛威を振るったスペイン風邪では、感染者6億人、死者4000～1億人にのぼったそうです。

　この章では、もし新型インフルエンザが発生した場合、どのように感染拡大が起きるのかをシミュレーションしてみましょう。

3.1　感染病流行の数理モデルを作る

　世界保健機関による予測のような一種のシミュレーションの基礎となっているのは、Kermack（ケルマック）と McKendrick（マッケンドリック）(1927) による古典的な伝染病流行モデルで、ペストなどの局地的な人口における急速かつ短期的な流行に関するモデルと考えられています。このモデルは、「感受性人口」「感染人口」「隔離された人口」によって構成されています。ある特定の伝染病に対して感受性人口というのは、まだ免疫を持たず感染の可能性のある人々の数を意味します。感染人口というのは、その時点で感染している人々の数です。隔離された人口というのは、感染後に回復し免疫を獲得した人々、または感染が原因で死亡した人々の数です。隔離された人口はシミュレーションの対象外となるわけです。英語ではそれぞれ susceptible、infectious、removed と言いますので、感受性人口、感染人口、隔離された人口を数理モデルでは通常 S、I、R の記号で表します。

　ある特定の伝染病について考えましょう。この伝染病にまだ免疫を持たず、感染の可能性のある集団に感染者が混じったとします。感染はどのように拡大するでしょうか。感染者が感染可能な人々に接触することによって感染が拡大すると考えられます。それなら、感染者が多いほど感染の増加も多いだろうということは容易に想像できます。また、感染可能な人口が多いほど増加も多いだろうということも想像できます。このように考えると、ある一定の時間が経過した後の感染者の増加数は、次のように方程式で書くことができます。

[式 3.1]
$$I(t+\Delta t) - I(t) = cS(t)I(t)\Delta t$$

　ここで Δt は経過時間、c は比例定数です。すなわち、感受性人口 S が一定だとすると、増加量は感染人口 I に比例しています。一方、感染人口が一定だとすると、やはり増加量は感受性人口 S に比例しています。経過時間 Δt が 2 倍になれば増加量も 2 倍、3 倍になれば増加量も 3 倍になるでしょうから、Δt にも比例しています。一方、感染人口の増加は、そのまま感受性人口の減少を意味しますから、感受性人口の変化は次のように書くことができます。

[式 3.2]
$$S(t+\Delta t) - S(t) = -cS(t)I(t)\Delta t$$

次に、感染者のその後を考えましょう。ここでは、全員回復して免疫を獲得すると考えることにします。隔離された人口は感染者が多ければ多いほど増加するでしょうから、次のように書くことができるでしょう。

[式3.3] $$R(t+\Delta t) - R(t) = gI(t)\Delta t$$

g は比例定数です。ここまで来たら、もう一度感染から回復までの過程をまとめて眺めてみましょう。感染から回復までの過程は次の図のようになっています。

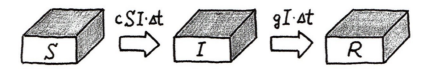

図3-1 伝染病の流行過程

感染人口は［式3.1］のようなメカニズムで増加しますが、一方、その人口の一部が回復して、隔離された人口に移行することをまだ考慮していません。回復した人口の分だけ感染人口は減少します。このことを考慮して、感染人口の変化は次のように修正しなければなりません。

[式3.4] $$I(t+\Delta t) - I(t) = cS(t)I(t)\Delta t - gI(t)\Delta t$$

これで感染症流行の数理モデルは完成です。［式3.2］［式3.3］［式3.4］の左辺第2項を右辺に移行して、感染症流行の数理モデルは完成です。

[式3.5] $$S(t+\Delta t) = S(t) - cS(t)I(t)\Delta t$$

[式3.6] $$I(t+\Delta t) = I(t) + cS(t)I(t)\Delta t - gI(t)\Delta t$$

[式3.7] $$R(t+\Delta t) = R(t) + gI(t)\Delta t$$

［式3.5］は感受性人口（susceptible）、［式3.6］は感染人口（infectious）、［式3.7］は隔離された人口（removed）の変化を示しています。これらの式を使ってシミュレーションのプログラムを作りましょう。

3.2 定数を決める

計算の前に、定数 c と g を決めておかなければなりません。まず時間 t の単位を 1 日としましょう。ある感染者が 1 日に平均 4 回の接触があるとしましょう。その 1 回の接触で 10000 分の 1 の確率で感染すると仮定すれば、$c = 4 \times 0.0001 = 0.0004$ と見積もることができます。この数値は、たとえば S が 1000 人で I が 1 人だったとき、10 日後には［式 3.1］から 4 人感染者が増加するというくらいの値です。また、1 日に感染者の 20 ％が回復するとすれば、$g = 0.2$ となります。

3.3 コーディングする

変数の準備から始めます。setup() ではすべての変数に値を設定し、計算結果を書き出すための csv ファイルの名前も決めます。さらに csv ファイルの先頭に見出しを書きます。draw() では計算結果の書き出しと、前述の数理モデルを使った計算を行い、感染状況の推移をカラーバーで表示します。

3.3.1 変数の準備

計算結果を csv ファイルに書き出すための変数 file、感受性人口、感染人口、隔離された人口の S、I、R、定数の c、g、時間と経過時間の t、dt を準備します。

```
PrintWriter file;
float S,I,R;
float c,g,t,dt;
```

3.3.2 ウィンドウとファイルの設定

setup() では、ウィンドウのサイズを横 800、縦 150 と設定します。ウィンドウは、S、I、R のそれぞれを幅 50 のカラーバーで**図3-2** のように表示するために、縦は合計 150 としました。ファイル名は "SIRmodel.csv" としました。csv ファイルの 1 行目には各列の見出しを書いておきます。

```
void setup() {
  size(800,150);
  noStroke();
  file = createWriter("SIRmodel.csv");
  file.println("t,S,I,R");
```

3.3.3　値の設定

続いて、setup() では S、I、R の初期値と比例定数 c と g を設定します。感染の可能性のある人は 1000 人で、1 人の感染者がいます。c は 0.0004、g は 0.2、時刻は 0 から始まって、dt は 0.1 です。

```
  S = 1000;
  I = 1;
  R = 0;
  c = 0.0004;
  g = 0.2;
  dt = 0.1;
  t = 0;
}
```

3.3.4　カラーバーで描く

draw() では、S、I、R をカラーバーでウィンドウに表示します。S は青、I は赤、R は緑です。カラーバーは rect() を使って、S、I、R それぞれの値に対応した長さの長方形を描いて表示します。最大 800 ですから適当なスケーリングが必要ですが、ここでは 0.8 倍としてみました。

```
void draw() {
  background(128);
  fill(0,0,255);
  rect(0,0,S*0.8,50);
  fill(255,0,0);
  rect(0,50,I*0.8,50);
  fill(0,255,0);
  rect(0,100,R*0.8,50);
```

3.3.5　データの書き出し

draw()では、コンソールと csv ファイルにデータを書き出します。

```
println(t+","+S+","+I+","+ R);
file.println(t+","+S+","+I +","+ R);
```

3.3.6　値の更新

続いて［式3.5］［式3.6］［式3.7］を使って S、I、R を更新し、時間 t にも dt を加えて更新します。

```
S = S-c*S*I*dt;
I = I+c*S*I*dt-g*I*dt;
R = R+g*I*dt;
t = t+dt;
```

3.3.7　プログラムの終了

時間 t が100を超えたら、ファイルを閉じてプログラムを停止します。これで draw() は完成です。

```
if (t>100) {
   file.flush();
   file.close();
   noLoop();
  }
}
```

S、I、R の変動は**図3-2**のようになります。csv ファイルを Excel などで開いてグラフにすると**図3-3**のようになりました。最初に設定した S、I、R が時間とともに変化する様子がわかります。

図 3-2　S、I、R のカラーバー

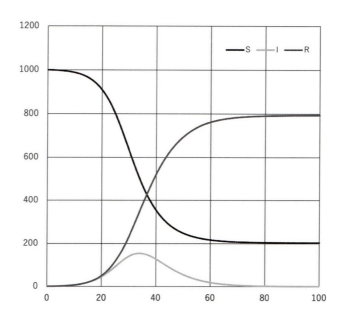

図 3-3　感染状況の変化を示したグラフ

3.3.8　プログラムコード

完成したプログラムコードの全体は次のようになります。

```
/* SIRmodel */

PrintWriter file;        /* output file */
float S,I,R;             /* susceptible,infected,removed */
float c,g,t,dt;          /* coefficients */

void setup() {
```

```
  size(800,150);
  noStroke();
  file = createWriter("SIRmodel.csv");
  file.println("t,S,I,R");
  S = 1000;
  I = 1;
  R = 0;
  c = 0.0004;
  g = 0.2;
  dt = 0.1;
  t = 0;
}

void draw() {
  /* drawing */
  background(128);
  fill(0,0,255);
  rect(0,0,S*0.8,50);
  fill(255,0,0);
  rect(0,50,I*0.8,50);
  fill(0,255,0);
  rect(0,100,R*0.8,50);

  /* output */
  println(t+","+S+","+I+","+ R);
  file.println(t+","+S+","+I +","+ R);

  /* update */
  S = S-c*S*I*dt;
  I = I+c*S*I*dt-g*I*dt;
  R = R+g*I*dt;
  t = t+dt;

  if (t>100) {
    file.flush();
    file.close();
    noLoop();
  }
}
```

やってみよう

人口だけを2000人に変更して、もう一度シミュレーションを実行してみましょう。

Chapter 4

投げ上げたボールの軌跡はどのように描かれるか？

──ニュートンの運動法則

　物体と力と運動に注目してみましょう。たとえばボール、リンゴ、車、家、ロケットはどれも物体で、形、大きさ、重さ（質量）を持っています。ボールのように比較的小さな物体は、その大きさや形を無視して、質量が重心に集中した点として扱うことができます。ロケットのように大きな物体でも、宇宙のような広い空間では大きさや形を無視して考えることもできます。

　一方、その物体にはさまざまな力が作用します。たとえば、私たちが地球上で日常的に経験する力は重力です。ボールを投げると放物線を描いて落ちてきますが、これは重力の作用によるものです。このように、力とは物体の状態を変化させる原因となる作用のことです。カーリングでは、氷上に滑らせたストーンも次第にスピードを落とし、停止します。物体の状態を変化させますから、これも力、摩擦力の作用です。

　力と運動の関係は運動力学という分野のテーマで、この運動力学を支配する法則は「ニュートンの運動法則」です。この章ではニュートンの運動法則を使って、投げ上げたボールの放物運動をシミュレーションで再現してみましょう。

4.1 ボールの運動の数理モデルを作る

ボールの運動をシミュレーションするための数理モデルを作ります。ここでは、x 座標と y 座標の 2 つで位置を記述できる二次元空間の運動を扱います（**図 4-1**）。短い経過時間 Δt の間にもボールの位置は変化しますが、これは経過時間 Δt が大きければ変化も大きく、小さければ変化も小さいはずですから、位置の変化は経過時間 Δt に比例します。また、もちろんボールの速度にも比例します。したがって、次の関係が成り立つでしょう。

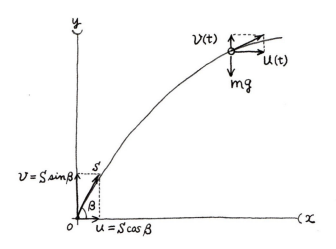

図 4-1　投げ上げたボールの速度と重力

[式 4.1] $\qquad x(t+\Delta t) - x(t) = u(t)\Delta t$

[式 4.2] $\qquad y(t+\Delta t) - y(t) = v(t)\Delta t$

ここで、$u(t)$ と $v(t)$ はそれぞれ x 方向と y 方向の速度です。次に、ボールの質量 m と速度の積を考えて、その変化を調べましょう。この量を運動量と呼びます。実はこの運動量の変化は、「外から加えられる力 $F_x(t)$ および $F_y(t)$ と経過時間 Δt の積に等しい」ということが知られています。ニュートンの「運動の第 2 法則」です。$F_x(t)$ と $F_y(t)$ はそれぞれ x 方向と y 方向の力です。これを式で書くと次のようになります。

[式4.3] $$mu(t+\Delta t) - mu(t) = F_x(t)\Delta t$$

[式4.4] $$mv(t+\Delta t) - mv(t) = F_y(t)\Delta t$$

投げ上げられたボールに作用している力 $F_x(t)$ と $F_y(t)$ は、

[式4.5] $$F_x(t) = 0$$

[式4.6] $$F_y(t) = -mg$$

となります。ここで g は重力加速度です。つまり、x 方向には外からの力は作用しないで、y 方向にだけ下向きに重力の影響を受けるのです。したがって、[式4.3] [式4.4] はそれぞれ

[式4.7] $$mu(t+\Delta t) - mu(t) = 0$$

[式4.8] $$mv(t+\Delta t) - mv(t) = -mg\Delta t$$

となります。[式4.1] [式4.2] を変形すると、

[式4.9] $$x(t+\Delta t) = x(t) + u(t)\Delta t$$

[式4.10] $$y(t+\Delta t) = y(t) + v(t)\Delta t$$

となります。また、[式4.7] [式4.8] を変形すると、

[式4.11] $$u(t+\Delta t) = u(t)$$

[式4.12] $$v(t+\Delta t) = v(t) - g\Delta t$$

となります。[式4.9] [式4.10] はボールの位置を更新するための式で、[式4.11] [式4.12] は速度を更新するための式と見ることができます。これら4つの式を使ってボールの軌跡を計算するプログラムを作りましょう。

ところで、質量の単位は kg、加速度の単位には m/s^2 を用います。力は質量と加速度の積ですから、力の単位は $kg \cdot m/s^2$ です。これを「N（ニュートン）」という単

位で示すことが一般的です。たとえば、約 $100g$ $(0.1kg)$ の物体に地球上で $9.8m/s^2$ の重力が作用するとき、力は $0.98kg\cdot m/s^2 \approx 1kg\cdot m/s^2$ で、だいたい $1N$ ということになります（≈ はニアリーイコールと読みます）。

ちなみに、［式 4.3］［式 4.4］の両辺を Δt で割って、$\Delta t \to 0$ の極限をとると、次のような微分方程式になります。

［式 4.13］
$$m\frac{du}{dt} = F_x$$
$$m\frac{dv}{dt} = F_y$$

これは、「ニュートンの運動方程式」です。運動の様子を知るためには、この微分方程式を解くという方法がよく用いられますが、ここでは微分方程式を使わずに進めます。

4.2 コーディングする

オブジェクト指向のプログラムを書きましょう。Ball というクラスを作っておけば、たくさんのボールを投げ上げてそれぞれの軌道を描くことができるでしょう。クラスは、いわばボールの基本形です。

4.2.1 仕組みの全体

細部を作っていく前に、大まかな方針を決めておきましょう。このプログラムには setup() と draw() があって、Ball クラスがあります。その Ball クラスの中に、フィールド、コンストラクタ、メソッドが必要です。ですから概ね次のような仕組みのプログラムになるでしょう。

```
void setup() {
  size(800,800);
    ..............
    ..............
}
```

```
void draw() {
  background(128);
  ...........
  ...........
}

class Ball {
  color clr;
  ...........
  ...........
  Ball (color c_, ...........) {
    clr = c_;
    ...........
    ...........
  }

  void display() {
    ...........
    ...........
  }

  void update() {
    ...........
    ...........
  }
}
```

　setup()ではウィンドウのサイズを決めます。draw()では、ボールの軌跡をアニメーションで示したいので、はじめにbackground(128)として背景を塗りつぶします。class Ball のフィールドに何を追加するかは後で考えることにして、とりあえずボールの色clrを書いています。コンストラクタもとりあえずclrを設定する部分だけ書きました。メソッドとして2つ考えられます。display()とupdate()です。display()はボールを表示するメソッドで、update()はボールの位置と速度を更新するメソッドです。

4.2.2 Ball クラスのフィールド

　ボールクラスの詳細を作りましょう。ボールの色 clr の他に、ボールの大きさ、投げ上げる初速度と角度、変化する位置、速度が必要ですね。大きさは直径で示すことにして、変数はdとします。初速度はs、投げ上げの角度はbeta（ベータ）です。位置はxとy、速度はuとvです。

```
color clr;
float d;
float s, beta;
float x, y;
float u, v;
```

4.2.3 コンストラクタ

コンストラクタでは、これらの変数に引数で与えられた値を代入します。uとvの初期値は、**図4-1**のように初速度sと投げ上げの角度betaから三角関数cosとsinを使って計算し、代入します。角度の単位が度ならラジアンに変換してから計算しますから、radians()を使います。

```
Ball (color c_,float d_,float x_,float y_,float s_,float beta_) {
  clr = c_;
  d = d_;
  x = x_;
  y = y_;
  u = s_*cos(radians(beta_));
  v = s_*sin(radians(beta_));
}
```

4.2.4 ボールを表示するメソッドdisplay()

Processingのウィンドウで座標の原点は左上の隅にありますから、まず原点の位置を左下の隅に変更します。そのためにはtranslate(0, 800)とします。ただし、pushMatrix()とpopMatrix()で挟んで、その影響が次の描画に及ばないようにします。また、Processingのy座標は下向きが正（プラス）ですから、符号を変えて描く必要があります。したがって、display()は次のようになるでしょう。

```
void display() {
  noStroke();
  pushMatrix();
    translate(0, 800);
    ellipse(x,-y,d,d);
  popMatrix();
}
```

4.2.5 軌道を計算するメソッド update()

[式 4.9][式 4.10][式 4.12]を使ってボールの軌道を計算します。[式 4.11]に示されるように速度 u は変化しませんから、update() でも計算は不要です。したがって次のようになるでしょう。

```
void update() {
  x = x+u*dt;
  y = y+v*dt;
  v = v-g*dt;
}
```

4.2.6 シミュレーションを実行する

図4-2のように、3個のボールを投げ上げた時の軌道をシミュレーションで描きましょう。ボールが3個であることを示すint型の変数nnを準備して、3を代入します。続いてBall型の配列bを準備します。時間を表すfloat型の変数tを準備して、初期値の0.0を代入します。経過時間のdtには0.1を代入します。重力加速度gは9.8としました。これらはグローバル変数としたいので、setup()やdraw()の外に書きます。

```
int nn=3;
Ball[] b=new Ball[nn];
float t=0.0, dt=0.1;
float g=9.8;
```

setup()では、3個のボールに具体的なデータを与えてインスタンスを作ります。b[0]というボールは、ボールの色が赤color(255,0,0)で、直径が10、座標(0,0)から速度100で60度の角度で投げ上げます。b[1]は緑で直径15、速度110、角度65度です。b[2]は青で直径20、速度120、角度70度としました。

```
void setup() {
  size(800, 800);
  b[0] = new Ball(color(255,0,0),10,0,0,100,60);
  b[1] = new Ball(color(0,255,0),15,0,0,110,65);
  b[2] = new Ball(color(0,0,255),20,0,0,120,70);
}
```

draw()では3個のボールをそれぞれのメソッドdisplay()で描き、続いてそ

れぞれのメソッドupdate()で位置と速度を更新します。

```
void draw() {
  background(128);
  b[0].display();
  b[1].display();
  b[2].display();
  b[0].update();
  b[1].update();
  b[2].update();
}
```

次のようにfor文を使って書いても同じです。つまり、配列b[]から1つずつ取り出してaと呼び、aのdisplay()とupdate()を実行します。

```
void draw() {
  background(128);
  for (Ball a : b){
    a.display();
    a.update();
  }
}
```

プログラムを実行すると、**図4-2**のようにボールが放物線を描いて飛ぶ様子が見られるでしょう（ここではわかりやすくするために背景白で残像を示しています）。

図4-2　ボールの軌道

4.2.7 プログラムコード

完成したプログラムコードの全体は次のようになります。

```
/* Ball motion */

int nn=3;                    /* number of particles */
Ball[] b=new Ball[nn];       /* instances of Ball class */
float t=0.0, dt=0.1;         /* time variables and increment */
float g=9.8;                 /* gravity */

void setup() {
  size(800,800);
  /* generate instance */
  b[0] = new Ball(color(255,0,0),10,0,0,100,60);
  b[1] = new Ball(color(0,255,0),15,0,0,110,65);
  b[2] = new Ball(color(0,0,255),20,0,0,120,70);
}

void draw() {
  background(128);
  b[0].display();
  b[1].display();
  b[2].display();
  b[0].update();
  b[1].update();
  b[2].update();
}

class Ball {
  color clr;
  float d;        /* diameter */
  float s, beta;  /* initial velocity, angle */
  float x, y;     /* coordinates */
  float u, v;     /* velocity */

  Ball (color c_,float d_,float x_,float y_,float s_,float beta_) {
    clr = c_;
    d = d_;
    x = x_;
    y = y_;
    u = s_*cos(radians(beta_));
    v = s_*sin(radians(beta_));
  }

  void display() {
```

```
    noStroke();
    fill(clr);
    pushMatrix();
      translate(0, 800);
      ellipse(x,-y,d,d);
    popMatrix();
  }

  void update() {
    x = x+u*dt;
    y = y+v*dt;
    v = v-g*dt;
  }
}
```

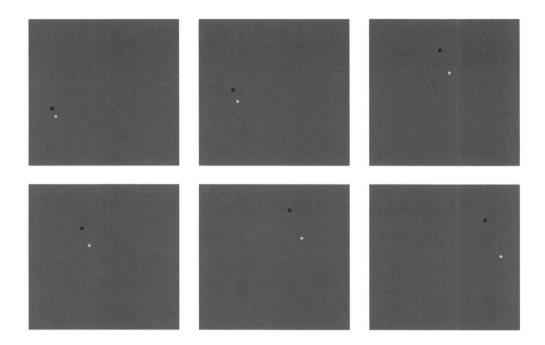

図4-3　実行画面

やってみよう

8個のボールを投げ上げるシミュレーションをしてみましょう。

Chapter 5

アルミ缶とゴムひも

──振動のバネ-マスモデル

　世界は振動という現象で満ちあふれています。自動車などの乗り物には振動がつきものです。快適な乗り心地のためには振動をできるだけ抑えることが必要でしょう。建物は地震で揺れたり、ひどいときには振動が原因で壊れたりします。地震に強い、あるいは地震に揺れない建物を設計しなければなりません。逆に、工場などでは、振動によって部品や製品を運んだり、選別したり、そろえたり、うまく利用する場合もあります。この場合には、都合のいい振動を作り出すことが必要です。

　振動による危険を回避するにも、その性質をうまく利用するにも、シミュレーションは有効な手段です。まずは実験から始めましょう。

5.1 実験する

アルミ缶とゴムひもを用意しましょう。ゴムひもは伸びたり縮んだりしますから、バネの一種です。アルミ缶には本当は形や大きさがいろいろありますが、ここでは簡単にするために、形は無視して重さだけに注目します。重さが一点に集中していると考えるのです。重さが集中した点のことを「マス（mass）」と呼んで、バネとマスでモデル化するので「バネ–マスモデル」です。

まず、ゴムひもの先端にアルミ缶を取り付けます。アルミ缶のプルトップを利用するといいでしょう。アルミ缶に取り付けたところから測って 20cm 程度のところに印をつけておきます。この長さを l cm としましょう。このとき、ゴムひもを引っ張らないように注意してください。アルミ缶には適当に水を入れてその重さ（質量 50g ～ 300g 程度）を調整します。これを図5-1のように、l cm のところで机や棚などに吊り下げます。

図 5-1　振動実験

図 5-1 のように手で支え、伸びがなく長さ l となっている位置を $x=0$ とします。これより下、すなわち伸びたときには位置 x は正の数、これより上、すなわち縮んだときには位置 x は負の数とします。アルミ缶からそっと手を放すと缶は上下に振動を始めます。位置 x は時間とともに変動しますから、「変位」と呼ばれます。

5.2 振動の数理モデルを作る

このような振動の数理モデルを作りましょう。短い経過時間 Δt の間にも位置は変化しますが、これは経過時間 Δt が長ければ変化も大きく、短ければ変化も小さいはずですから、位置の変化は経過時間 Δt の大きさに比例します。

[式5.1]
$$x(t+\Delta t) - x(t) = v(t)\Delta t$$

ここで、$v(t)$ は速度です。次に、質量 m と速度 v の積を考えて、この変化を調べましょう。Chapter 4 でも説明したように、この量を「運動量」と呼びます。この変化は、外から加えられる力 $F(t)$ と経過時間 Δt の積に等しいことが知られています。ニュートンの「運動の第2法則」ですね。

[式5.2]
$$mv(t+\Delta t) - mv(t) = F(t)\Delta t$$

ゴムひもを下の方にゆっくり引っ張ると、ゴムひもによって上に戻ろうとする力が生じます。この力の大きさは、引っ張られて伸びた長さに比例することが「フックの法則」としてよく知られています。力の方向は引っ張られた方向と逆ですから、ゴムひもによって生じる力 F_1 は、

[式5.3]
$$F_1 = -kx$$

となります。k は比例定数です。もうひとつ忘れてならない力は重力です。質量 m の物体に作用する重力 F_2 は重力加速度を g とすると、

[式5.4]
$$F_2 = mg$$

となり、これら2つの力を合計すると、

[式5.5]
$$F(t) = mg - kx(t)$$

となります。振動する場合には x が時間とともに変化しますから $x(t)$ と書いています。したがって、[式5.2] は、

[式5.6]　　　　　　$mv(t+\Delta t) - mv(t) = (mg - kx(t))\Delta t$

となります。[式5.1]の左辺第二項を右辺に移項すると、

[式5.7]　　　　　　$x(t+\Delta t) = x(t) + v(t)\Delta t$

となり、[式5.6]の両辺を m で割って左辺第二項を右辺に移項すると、

[式5.8]　　　　　　$v(t+\Delta t) = v(t) + (g - \dfrac{k}{m} x(t))\Delta t$

となります。[式5.7][式5.8]は、変化するアルミ缶の位置と速度を次々と更新する式となっています。

5.3　比例定数の測定をする

計算を始める前に、長さ l、質量 m とフックの法則の比例定数 k を測定しておきましょう。この実験装置で、そっと手を放してみましょう。**図5-2**のように釣り合い（振動しないで静止している）の位置が見つかるはずです。この時のゴムの長さを l' とします。

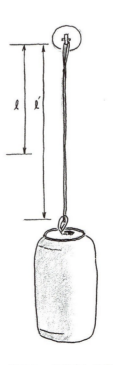

図5-2　釣り合い位置

すると、伸び $l'-l$ と質量 m の間には次の関係があります。

[式5.9] $$k(l'-l) = mg$$

フックの法則です。k はバネ定数、g は重力加速度です。したがって、バネ定数は、

[式5.10] $$k = \frac{mg}{(l'-l)}$$

と求めることができます。実際に測定してみると、質量 m と伸び $l'-l$ は**表5.1**のようになりました。質量はアルミ缶に入れる水の量で調節しています。

表5.1

質量 (kg)	0.05	0.075	0.1	0.125	0.15	0.175	0.2	0.3
伸び (mm)	13	20	27	36	47	57	70	150

この測定値を使って定数 k を計算してみましょう。質量 $0.1kg$ のときのデータを使えば、

[式5.11] $$k = \frac{0.1 \times 9.8}{27} = 0.03629 \; N/mm$$

となります。質量 $0.3kg$ のときのデータを使えば、

[式5.12] $$k = \frac{0.3 \times 9.8}{150} = 0.0196 \; N/mm$$

となります。このように、k の値は荷重が比較的小さい時と大きい時で異なります。ここでは [式5.12] の値を使うことにしましょう。

5.4 コーディングする

はじめに変数を準備します。setup() ではそれら変数に値を設定し、データファイルの名前も決めます。ボールの位置や速度の計算は draw() で実行します。draw() ではデータの書き出しと動画の処理も行います。

5.4.1 変数の準備

時間とともに変化する振動の様子を csv 形式のデータファイルとして書き出すために、file という変数を準備します。バネ定数 k と質量 m、時間 t と経過時間 dt、速度 v と変位 x、重力加速度 g を変数として準備します。

```
PrintWriter file;
float k,m;
float t,dt;
float v,x;
float g;
```

5.4.2 値の設定

setup() ではウィンドウのサイズ 100 × 800 を指定して、出力ファイルの名前を設定します。さらにすべての変数に初期値を設定します。

```
void setup() {
  size(100,800);
  file = createWriter("Vibration.csv");

  k = 0.0196;
  m = 0.3;
  t = 0;
  dt = 0.1;
  v = 0;
  x = 200;
}
```

5.4.3　データの書き出し

draw()では、まず時間と変位と速度の初期値を出力します。出力はコンソールとファイルの両方に対して行います。

```
println(t+","+x+","+v);
file.println(t+","+x+","+ v);
```

5.4.4　振動をアニメーションで表現する

ウィンドウには上下に振動する様子をアニメーションで表示しましょう。line()とellipse()を使ってゴムと重りを表現します。ゴムに伸びも縮みもないx=0のとき、ウィンドウの中央に重りが描かれるように400+xとしています。

```
background(128);
line(50,0,50,400+x);
ellipse(50,400+x,50,50);
```

5.4.5　時間、位置、速度の更新

時間がdtだけ経過した次の状態を計算するために時間を進め、[式5.7][式5.8]を使って変位と速度を更新します。

```
t = t+dt;
x = x+v*dt;
v = v+(g-k*x/m)*dt;
```

5.4.6　ファイルを閉じて終了

時間が200を超えたら計算を終了して、ファイルを閉じます。

```
if (t>200) {
  file.flush();
  file.close();
  noLoop();
}
```

実行すると、時間と変位と速度がコンソールに表示され、ウィンドウには**図5-3**の

ように振動の様子が示されます。設定した時間 200 まで計算するとシミュレーションは終了して、"Vibration.csv" という名前の csv ファイルができます。このファイルを Excel などで開いてグラフにすると**図5-4**のようになるでしょう。

図5-3　振動の様子

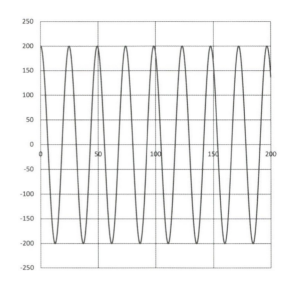

図5-4　振幅のグラフ

5.4.7　プログラムコード

完成したプログラムコードの全体は次のようになります。

```
PrintWriter file;
float k,m;
float t,dt;
float v,x;
float g;

void setup() {
  size(100,800);
  file = createWriter("Vibration.csv");
  
  k = 0.0196;
```

```
    m = 0.3;
    t = 0;
    dt = 0.1;
    v = 0;
    x = 200;
}

void draw() {
  /* output */
  println(t+","+x+","+v);
  file.println(t+","+x+","+ v);

  /* drawing */
  background(128);
  line(50,0,50,400+x);
  ellipse(50,400+x,50,50);

  /* update */
  t = t+dt;
  x = x+v*dt;
  v = v+(g-k*x/m)*dt;

  if (t>200) {
    file.flush();
    file.close();
    noLoop();
  }
}
```

　このシミュレーションでは摩擦や空気抵抗などの影響は考慮していませんので、揺れ幅（振幅）は変わらずずっと続きます。だんだん振幅が小さくなる現象を減衰と言いますが、この減衰についてはChapter 8で扱います。

やってみよう

質量を100gに変更してシミュレーションを実行してみましょう。

Chapter 5

アルミ缶とゴムひも —— 振動のバネマスモデル

Part 2 コンピュータシミュレーション

Chapter 6

水がなくなるまでの時間はどれくらいか？

——穴から溢れ出る水の数理モデル

　　　　小さな穴から水が漏れる様子を観察したことはありますか。ビニール袋に開いた小さな穴、ペットボトルなどの容器に開いた小さな穴など何でもいいのですが、ここで扱うのはじわじわしみ出るような水ではなく、勢いよく噴き出す水です。大きな酒樽や醤油樽から噴き出す酒や醤油の場合でも、キャンプなどで使う飲料水タンクから噴き出す水の場合でも、初めは勢いよく噴出します。時間が経過して残り少なくなるとだんだん勢いがなくなってきますね。ペットボトルなどの下の方に小さな穴を開けて水を入れ、噴き出す様子を観察すると、水がなくなるまでの時間は初めに予想した時間より意外と長くかかります。

　　　　この章では、シミュレーションを利用して噴出の時間と水位を予測してみましょう。

6.1 ペットボトルで実験する

　実験から始めます。透明なペットボトルを用意して、ボトルの底に近い側面に直径2〜3mmの穴を開けましょう。ペットボトルの形は、炭酸水のボトルのようにできるだけストレートなものがいいでしょう。次に、ボトルの側面に1cm間隔の目盛りをつけます。穴の中心が0cmとなるようにして、上へ順に1cm、2cm……とします。10cm〜20cmあれば十分でしょう。ボトルに水を入れて、実験を開始しましょう。このとき、ボトルの蓋は外しておきます（**図6-1**）。

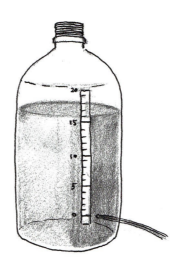

図6-1　穴のあいたペットボトル

　ボトルには穴があいているので水は流出しますから、水位は次第に下がっていきます。水位が下がる時間を1cmごとにストップウォッチで測定します。この実験を3、4回繰り返して記録をとり、平均値を計算しましょう。**表6.1**はこのようにして得られた実験結果です。

表6.1　ペットボトルの実験結果

高さ（cm）	20	19	18	17	16	15	14	13	12
1回目	0	21	43	66	90	112	135	164	187
2回目	0	22	44	65	90	111	134	165	187
3回目	0	21	44	66	91	113	135	164	188
平均時間（秒）	0	21.33	43.67	65.67	90.33	112	134.7	164.3	187.3

高さ（cm）	11	10	9	8	7	6	5	4	3
1回目	215	246	279	312	347	390	435	485	545
2回目	216	247	279	313	350	390	436	486	546
3回目	215	246	278	312	348	389	435	486	544
平均時間（秒）	215.3	246.3	278.7	312.3	348.3	389.7	435.3	485.7	545

6.2　穴から漏れる水の数理モデルを作る

　まず、重要な変数を決定しましょう。ボトルに凸凹がなく断面が一定だとすれば、重要なのは穴から水面までの高さでしょう。もちろん水が流れ出し始めてからの時間も重要です。さらにボトルの中の（穴より上にある）水の体積も関係しています。水面までの高さを h（cm）、時間を t（秒）、水の体積を u（cm^3）とします。高さ h も体積 u も時間とともに変化しますから、時間の関数 $h(t)$、$u(t)$ です。

　ある時刻 t における体積 $u(t)$ は、経過時間 Δt が経過した後に減少して $u(t+\Delta t)$ となります。経過時間 Δt が十分小さければ、この間の変化は図6-2の t と $t+\Delta t$ の間のように直線的であると考えられます。

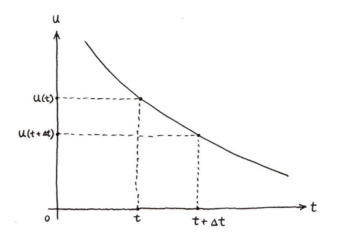

図6-2 体積の減少

　すると、経過時間が2倍3倍になれば体積の変化も2倍3倍になりますから、体積の変化 $u(t+\Delta t)-u(t)$ は経過時間 Δt の大きさに比例すると考えられます。したがって、比例定数を仮に c とすると体積の変化は［式6.1］のように書くことができます。c の前に付けた負の符号は、体積が減少することを意味しています。

［式6.1］ $$u(t+\Delta t)-u(t) = -c\Delta t$$

　体積の変化は、水面の高さとなって現れます。ボトルの底面積を A とすると、

［式6.2］ $$u(t) = Ah(t)$$

したがって［式6.1］は次のようになります。

［式6.3］ $$Ah(t+\Delta t)-Ah(t) = -c\Delta t$$

　ところで、実験観察からも明らかですが、水がたくさん残っていて水面が高いときと、穴の近くまで水面が下がってきたときでは、排出される水の勢いに差があります。水面が高いときには体積の変化は早く、水面が下がってくると体積の変化が遅くなってきます。すなわち、［式6.3］の右辺の比例定数 c は、高さ h に依存するのです。実は、この関係はトリチェリ（1644）によって明らかになっています。トリチェリは「粘性のない液体が容器の穴から噴出するとき、穴の面積が十分小さいならば、穴に

おける噴出速度 v は、

[式6.4]
$$v = \sqrt{2gh}$$

で与えられる」と述べています。トリチェリの定理です。g は重力加速度です。噴出速度というのは、単位時間に単位面積の穴から噴出する水の体積です。[式6.1] で導入した c は、ボトルに開いた穴から単位時間に噴出する水の体積を意味しますから、もし、穴の面積が a なら

[式6.5]
$$c = av = a\sqrt{2gh}$$

となります。単位面積あたり毎秒 v の水が噴出するのですから、小さな穴の面積が a なら毎秒 av の水が噴出するというわけです。これを [式6.3] に代入すると、

[式6.6]
$$Ah(t+\Delta t) - Ah(t) = -a\sqrt{2gh(t)}\,\Delta t$$

A で割ると、

[式6.7]
$$h(t+\Delta t) - h(t) = -\frac{a}{A}\sqrt{2gh(t)}\,\Delta t$$

[式6.7] の左辺第二項を右辺に移項すると、

[式6.8]
$$h(t+\Delta t) = h(t) - m\sqrt{h(t)}\,\Delta t$$

となります。ここで、$m = a\sqrt{2g}/A$ としています。[式6.8] の右辺は、時刻 t における水面の高さ $h(t)$ と定数 m がわかれば計算できますから、この式を使って少しだけ時間の経過した時刻 $t+\Delta t$ における高さ $h(t+\Delta t)$ がわかります。これを繰り返せば高さ h の変化を次々と計算していくことができるでしょう。

6.3 コーディングする

変数を決め、setup()で値を設定し、draw()でデータの書き出しと水位の更新と描画を行います。

6.3.1 変数の準備

変数を準備することから始めます。穴から水面までの高さを h、時刻を t、経過時間を dt、穴の面積を a、ボトルの低面積を A、重力加速度を g、[式6.8]の定数 m を準備します。出力ファイルも用意します。

```
PrintWriter file;
float h;
float t,dt;
float a,A;
float g;
float m;
```

6.3.2 値の設定

setup()では、ボトルから水が出ていって水面が下がる様子を表現できるように、ボトルの形に似た縦長のウィンドウを設定します。csvファイルの名前を指定して、準備した変数には初期値を設定します。

```
void setup() {
  size(300,800);
  noStroke();
  fill(0,0,255);
  file = createWriter("WaterLeak.csv");
  h = 20;
  t = 0;
  dt = 0.1;
  a = 0.0201;
  A = 85;
  g = 980;
  m = a*sqrt(2*g)/A;
}
```

6.3.3 データの書き出し

draw()では、初めにデータを書き出します。

```
void draw() {
  println(t+", "+h);
  file.println(t+", "+h);
```

6.3.4 シミュレーションを実行する

draw()では、アニメーションで表現するためにbackground()で背景を塗りつぶし、長方形で穴から水面までを青く描きます。長方形を描くには、まず左下に原点を移動し、rect()の幅を300、高さを−h*40とします。高さは初めに満水となるように40倍して調整しています。原点の移動の影響が次の描画に及ばないように、pushMatrix()とpopMatrix()で囲みます。

```
  background(128);
  pushMatrix();
    translate(0, 800);
    rect(0,0,300,-h*40);
  popMatrix();
```

また、時刻をdtだけ進めて、その時の水面までの高さを［式6.8］で計算して更新します。高さが0を下回ったら、出力ファイルを閉じて計算を終了します。

```
  t = t+dt;
  h = h-m*sqrt(h)*dt;

  if (h<0) {
    file.flush();
    file.close();
    noLoop();
  }
}
```

図6-3　シミュレーションの様子

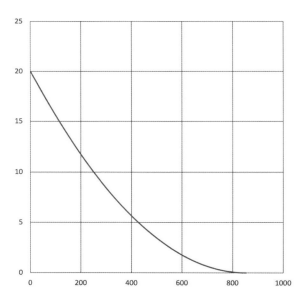

図6-4　水位の変化

6.3.5 プログラムコード

完成したプログラムコードの全体は次のようになります。

```
/* Water leak */

PrintWriter file;      /* output file */
float h;               /* height */
float t,dt;            /* time,time increment */
float a,A;             /* area of hole and bottom */
float g;               /* gravity */
float m;               /* coefficient */

void setup() {
  size(300,800);
  noStroke();
  fill(0,0,255);
  file = createWriter("WaterLeak.csv");
  h = 20;
  t = 0;
  dt = 0.1;
  a = 0.0201;
  A = 85;
  g = 980;
  m = a*sqrt(2*g)/A;
}

void draw() {
  /* output */
  println(t+", "+h);
  file.println(t+", "+h);

  /* drawing */
  background(128);
  pushMatrix();
    translate(0, 800);
    rect(0,0,300,-h*40);
  popMatrix();

  /* update */
  t = t+dt;
  h = h-m*sqrt(h)*dt;

  if (h<0) {
    file.flush();
    file.close();
    noLoop();
```

```
    }
  }
```

やってみよう

実際に実験をして、水位の変化をグラフにしてみましょう。また、穴の大きさやペットボトルの低面積を測定してシミュレーションをしてみましょう。

Chapter 7

熱が伝わる時間はどれくらいか？

——熱伝導の数理モデル

　針金のような細長い棒を考えましょう。針金の温度が場所によって異なるとき、放っておけば高温のところから低温のところへ熱が伝わって、棒の各点の温度は時間とともに変化していきます。このように、物体の中で温度差があると高温部から低温部へと熱の移動が起こり、全部が同じ温度になるように各点の温度が変化します。

　物体中を熱が移動する現象を「熱伝導」といいますが、熱伝導は分子や電子の振動によって生じるのだそうです。物体の一部を加熱するとその部分の分子や電子の運動が激しくなり、その隣りの分子や電子と衝突して隣りの分子や電子を揺さぶると考えられます。次々と揺さぶられて運動が広がっていくことによって、熱が伝わるというわけです。金属は自由電子をもっていますから熱も伝わりやすいわけですが、絶縁体や半導体ではこの逆で、熱も伝わりにくいのです。このように、物質によって熱の伝わりやすさが異なります。本章ではこの「熱伝導」のシミュレーションをしてみましょう。

7.1 物質の温まりやすさ、冷めやすさを定式化する

物質の温度 u を 1 度だけ上げるために必要な熱量を「熱容量」といいます。針金のように細長い場合には、その断面積を a、物質の密度を b、比熱を c とすれば、単位長さあたりの熱容量は abc となります。位置 x を中心として短い長さ Δx の部分の温度が、時刻 t のときの $u(x,t)$ から Δt だけ時間が経過して時刻 $t+\Delta t$ となったとき $u(x,t+\Delta t)$ へと変化すれば、そのとき加えられた熱量 ΔQ は、「加えられた熱量 = 単位長さあたりの熱容量 × 長さ × 温度変化」という関係式から求めることができて、

[式7.1]
$$abc\,\Delta x\,\{u(x,t+\Delta t)-u(x,t)\} = \Delta Q$$

となります。この式は温度の時間的変化を示しています。

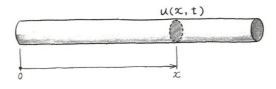

図 7-1　針金の座標 x と温度 u

7.2 熱の伝わりやすさを定式化する

熱は場所による温度差があるときに移動するのですから、その温度差が大きいほど移動も多いということになります。温度差は傾きで表すことができますが、これを「温度勾配」といいます。図 7-2 のように、位置 x を中心としてその前後にある長さ Δx の短い区間を考えましょう。断面 A と B はそれぞれの区間の中央にありますから、A と B の間の長さも Δx です。断面 A の温度勾配は、

[式7.2]
$$\frac{u(x,t)-u(x-\Delta x,t)}{\Delta x}$$

断面 B の温度勾配は、

[式 7.3]
$$\frac{u(x+\Delta x, t) - u(x, t)}{\Delta x}$$

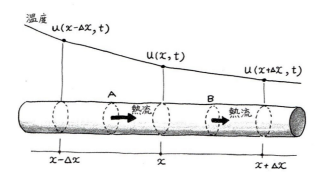

図 7-2 位置 x の前後にある微小な区間

となります。**図 7-2** のような温度差がある場合に温度勾配は負となりますが、このようなとき、左から右へ、すなわち正の方向へ熱が移動します。その移動量は温度勾配に比例するはずですから、単位面積あたりの熱の移動量 ϕ（ファイ）は、断面 A で

[式 7.4]
$$\phi_A = -k \frac{u(x, t) - u(x-\Delta x, t)}{\Delta x}$$

断面 B で

[式 7.5]
$$\phi_B = -k \frac{u(x+\Delta x, t) - u(x, t)}{\Delta x}$$

となります。ϕ_A、ϕ_B は「熱流密度」と呼ばれます。また、定数 k は「熱伝導係数」と呼ばれます。断面積が a ですから、断面 A と B に挟まれた中央の区間には、断面 A を通して単位時間に熱流 $a\phi_A$ が流れ込んできて、断面 B を通して $a\phi_B$ だけ逃げていくわけです。そうすると、時間 Δt の間に、この区間に加えられる熱量 ΔQ は A から流れ込んできて B から流れ出ていく熱流の差

[式 7.6]
$$\Delta Q = a\phi_A \Delta t - a\phi_B \Delta t$$

として計算できます。[式 7.6] に [式 7.4] [式 7.5] を代入すると

$$[式 7.7] \quad \Delta Q = -ak\frac{u(x,t)-u(x-\Delta x,t)}{\Delta x}\Delta t + ak\frac{u(x+\Delta x,t)-u(x,t)}{\Delta x}\Delta t$$

となります。[式 7.7] は位置の違いによる温度の変化、すなわち空間的変化を示しています。

7.3 熱伝導の数理モデルを作る

時間的変化を表す [式 7.1] と空間的変化を表す [式 7.7] を総合すると、熱伝導の数理モデルが得られます。[式 7.7] を [式 7.1] に代入しましょう。

$$[式 7.8] \quad abc\,\Delta x\,\{u(x,t+\Delta t)-u(x,t)\} \\ = -ak\frac{u(x,t)-u(x-\Delta x,t)}{\Delta x}\Delta t + ak\frac{u(x+\Delta x,t)-u(x,t)}{\Delta x}\Delta t$$

[式 7.8] は熱伝導方程式（※正しくは熱伝導方程式の差分表現）です。これを少し変形して、温度分布の時間的変化を計算する式へと書き換えてみましょう。[式 7.8] の両辺を $abc\,\Delta x$ で割ると次のようになります。

$$[式 7.9] \quad u(x,t+\Delta t)-u(x,t) \\ = -\frac{k}{bc}\left(\frac{u(x,t)-u(x-\Delta x,t)}{\Delta x^2}-\frac{u(x+\Delta x,t)-u(x,t)}{\Delta x^2}\right)\Delta t$$

左辺の第二項を右辺に移行して整理すると

$$[式 7.10] \quad u(x,t+\Delta t) = u(x,t)+\frac{k}{bc}\left(\frac{u(x+\Delta x,t)-2u(x,t)+u(x-\Delta x,t)}{\Delta x^2}\right)\Delta t$$

となります。これは、位置 x における次の時刻 $t+\Delta t$ の温度 $u(x,t+\Delta t)$ が、その位置 x と前後の位置 $x-\Delta x$, $x+\Delta x$ における時刻 t の温度 $u(x,t)$, $u(x-\Delta x,t)$, $u(x+\Delta x,t)$ からどのように計算されるかを示しています。

7.4 長さ10cmの棒の温度変化のシミュレーションをする

図 7-3 に示される長さ10cmの鉄の棒を考えてみましょう。棒の側面と左側の断面は断熱材でおおわれているとします。右側の断面は0℃の外気にさらされています。はじめに200℃だった棒の温度はどのように変化していくでしょうか。棒の長さは $0.1m$ です。鉄の密度を $b = 7870 \ kg/m^3$、比熱を $c = 444 \ J/kg·K$、熱伝導率を $k = 67 \ W/m·K$ として計算しましょう。棒を長さ方向に10等分して、その各点の温度を計算することにします。したがって、区間の長さは $\Delta x = 0.01$m となります。時刻0から300秒までを1秒間隔で計算するなら $\Delta t = 1$ です。

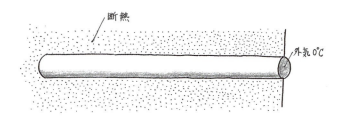

図7-3　長さ10cmの鉄の棒

7.5 コーディングする

出力ファイルの名前、温度、熱伝導率、時間などの値を保存する変数を準備することから始めます。setup() では棒の温度分布をカラーバーで表示できるように横長のウィンドウを設定し、csv ファイルの名前を決めます。また、熱伝導率などの定数を設定します。draw() では温度分布を数値で書き出すとともに、ウィンドウにカラーバーで表示します。その後で［式7.10］を使って温度を更新します。

7.5.1　変数の準備

データを書き出すためのファイルの名前を準備します。温度分布は float 型の配列に保存します。棒を10等分してそれぞれの中心の温度を調べますが、図7-4 のように棒の左右に一つずつ仮想の点も使いますから全部で13個の点が必要となります。温度の配列は u0 と u1 を用意して、u0 には現在の温度分布を、また u1 には Δt 後の

温度分布を保存します。[式7.10]にある物理定数はプログラムでもk,b,cとします。また、時間はt、経過時間はdt、区間の長さはdxでその二乗はdx2とします。

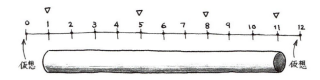

図7-4 温度を計算する11個の点と前後の仮想点

```
PrintWriter file;
float[] u0 = new float[13];
float[] u1 = new float[13];
float k,b,c;
float t,dt,dx,dx2;
```

7.5.2 値の設定

setup()では、初めにウィンドウのサイズを設定します。温度分布をカラーバーで表示できるように横が800で縦が100ピクセルの長方形としましょう。csvファイルの名前も設定します。また、物理定数やシミュレーションに必要な経過時間と区間の長さも設定します。

```
setup(){
  size(800,100);
  noStroke();
  file = createWriter("HeatConduction.csv");
  
  k = 67;
  b = 7870;
  c = 444;
  t = 0;
  dt = 1;
  dx = 0.01;
  dx2 = dx*dx;
```

setup()ではさらに配列u0に初期温度200を設定します。また、左側の仮想点の温度は断熱という条件を考慮してu0[1]と等しい値に設定します。二点の温度が等しいと勾配が0となって熱の移動はありません。右側は0度の外気にさらされていることを考慮してu0[12]=0とします。

```
for (int i=1; i<=11; i++) {
  u0[i] = 200;
}

/* boundary condition */
u0[0] = u0[1];
u0[12] = 0;
```

7.5.3 データの書き出し

　draw()では、まずデータの書き出しを行います。時間と棒の4箇所の温度をコンソールとファイルに書き出します。シミュレーションが終了したら、Excelなどでcsvファイルを開いてグラフを作成することができるでしょう。

```
void draw(){
  println(t+","+u0[1]+","+u0[5]+","+u0[8]+","+u0[11]);
  file.println(t+","+u0[1]+","+u0[5]+","+u0[8]+","+u0[11]);
```

7.5.4 カラーバーによる表示

　draw()ではさらに、カラーバーでウィンドウに温度分布を表示します。カラーバーで描く色は赤と青を混ぜ合わせて決定します。温度が高く初期値の200度に近いと赤の成分が255に近く、温度が0度に近いと青の成分が255に近くなるように、Processingのシステムに用意されているmap()を利用します。赤の成分Rと青の成分Bを使って色を指定し、rect()で棒の断片を一つずつ描きます。i番目の部分の温度u0[i]は0度から200度の範囲にあるはずですが、これを0から255の範囲に割り当てるのが一つ目のmap()の役割です。温度u0[i]が0度ならRは0に、200度ならRは255になります。二つ目のmap()では、温度が0ならBは255に、200度ならBは0になります。したがって、200度に近ければ赤に近い色に、0度に近ければ青に近い色が設定されます。

```
for (int i=1; i<=11; i++) {
  float R = map(u0[i],0,200,0,255);
  float B = map(u0[i],0,200,255,0);
  fill(R, 0, B);
  rect((i-1)*80,0,i*80,100);
}
```

7.5.5 計算

［式7.10］を使って温度分布を更新するのも draw( ) で実行します。また、境界条件の更新も行います。時間 t が 300 を超えたらファイルを閉じ、計算を終了します。

```
for (int i=1; i<=11; i++) {
  u1[i] = u0[i]+k*(u0[i+1]-2*u0[i]+u0[i-1])/dx2/r/c*dt;
}

t = t+dt;
for (int i=0; i<=11; i++) {
  u0[i] = u1[i];
}

u0[0] = u0[1];
u0[12] = 0;

if (t > 300) {
  file.flush();
  file.close();
  noLoop();
}
```

7.5.6 プログラムコード

完成したプログラムコードの全体は次のようになります。実行するとカラーバーで温度変化の様子が**図7-5**のように表示されます。csv ファイルが作成されたら、これを開きグラフを書いてみましょう。**図7-6** のような温度の変化をグラフで見ることができるでしょう。

```
/* Heat conduction */

PrintWriter file;                 /* output file */
float[] u0 = new float[13];       /* temperature at time t*/
float[] u1 = new float[13];       /* temperature after dt */
float k,r,c;                      /* coefficients */
float t,dt,dx,dx2;                /* time, space variables */

void setup() {
  size(800,100);
  noStroke();
  file = createWriter("HeatConduction.csv");
```

```
  k = 67;
  r = 7870;
  c = 444;
  t = 0;
  dt = 1;
  dx = 0.01;
  dx2 = dx*dx;

  /* initial condition */
  for (int i=1; i<=11; i++) {
    u0[i] = 200;
  }

  /* boundary condition */
  u0[0] = u0[1];
  u0[12] = 0;
}
void draw() {
  /* output */
  println(t+","+u0[1]+","+u0[5]+","+u0[8]+","+u0[11]);
  file.println(t+","+u0[1]+","+u0[5]+","+u0[8]+","+u0[11]);

  /* drawing */
  for (int i=1; i<=11; i++) {
    float R = map(u0[i],0,200,0,255);
    float B = map(u0[i],0,200,255,0);
    fill(R, 0, B);
    rect((i-1)*80,0,i*80,100);
  }

  /* calculation */
  for (int i=1; i<=11; i++) {
    u1[i] = u0[i]+k*(u0[i+1]-2*u0[i]+u0[i-1])/dx2/r/c*dt;
  }

  /* update */
  t = t + dt;
  for (int i=0; i<=11; i++) {
    u0[i] = u1[i];
  }

  /* boundary condition */
  u0[0] = u0[1];
  u0[12] = 0;

  if (t > 300) {
```

```
        file.flush();
        file.close();
        noLoop();
    }
}
```

図7-5　温度分布

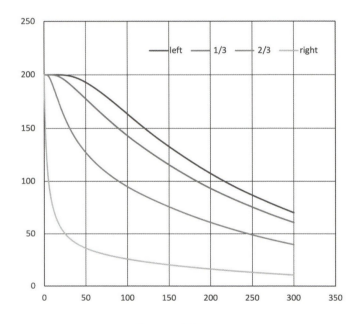

図7-6　温度の変化

やってみよう

左側の断面も0℃の外気にさらされているとしてシミュレーションをしてみましょう。

Chapter 8

垂れ下がる紐

──弾性体の変形と釣り合い

　アニメやゲームの世界をよりリアルに演出している技術のひとつに、物理シミュレーションがあります。風にはためく旗、なびく髪、ゆらめく枝や葉、崩れ落ちるビルディング、流れる水、打ち寄せる波、飛び散るしぶき、どれも物理法則に基づくシミュレーションによるものです。剛体力学、固体力学、流体力学などがその背景となっています。

　ここでは、紐のリアルな動きをシミュレーションで再現することに挑戦しましょう。紐の両端を手で引っ張ったり、片方の手を放してみたり、左右に揺さぶったりした時の動きを再現できるようにするのです。紐は伸びたり縮んだりしますが、そういった伸縮性のある物体は「弾性体」と呼ばれます。弾性体としての紐を簡単化して、短いバネと重りを連結した「バネ−マスモデル」としてモデル化しましょう。バネと重りのそれぞれをオブジェクトとしてプログラミングし、これらが相互に力をやり取りする様子を再現して、あたかも紐に動きが生じたかのように表現してみたいと思います。

8.1　数理モデルを作る

　紐を**図8-1**のように連結されたバネと質点によってモデル化しましょう。紐は力を加えると伸びたり縮んだりしますが、これを質量（重さ）のないバネと考えて線で表現します。一方、紐の質量（マス）は数箇所の点（質点）に集中していると考えて黒丸で表現します。弾性体をバネと質点に置き換えたモデルを「バネ–マスモデル」と呼ぶのです。このようにモデル化すると、紐の運動をバネで連結された質点の運動として捉えることができるようになります。

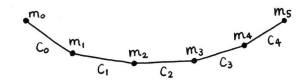

図8-1　ひものバネ–マスモデル

　このバネと質点によってモデル化された紐の運動について考えましょう。ここでは簡単にするために、質点は平面内にあって、同じ平面内で運動するとします。**図8-1**の場合、$m_0 \sim m_5$ は平面内を移動することが可能ですが、この図に示されるように相互にバネ $c_0 \sim c_4$ で連結されていますから、勝手に運動することはできません。しかし、この場合も $m_0 \sim m_5$ はそれぞれ［式8.1］のニュートンの運動方程式に従って運動します。「質量と加速度の積は外力に等しい」というニュートンの運動法則はここでも成立しているからです。ボールの運動と違うのは、右辺の力 F_i、G_i が重力の他にバネの伸び縮みによる力の影響も受けて、質点は相互に作用し合うという点です。なお、［式8.1］で m_i は質量、u_i は x 方向の速度、v_i は y 方向の速度です。

［式8.1］
$$m_i \frac{du_i}{dt} = F_i$$

$$m_i \frac{dv_i}{dt} = G_i$$

バネ–マスモデルの一部を**図 8-2** のように取り出して考えましょう。質点 i の運動を考えるには、質点の質量 m_i、位置 (x_i, y_i)、作用する力 (F_i, G_i)、速度 (u_i, v_i) が必要です。

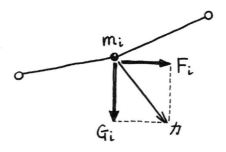

図8-2　質点

一方、バネの状態は、バネの硬さを意味するバネ定数 e、傾きを表す o から p へ向かう単位ベクトル $n = (n_x, n_y)$、伸び縮みがない時の長さ l_0、伸び縮みにより変化した長さ l_c、長さが変化したためにバネに生じる力（応力）S で示すことができます。**図 8-3** は長さの変化と単位ベクトルの関係を示しています。

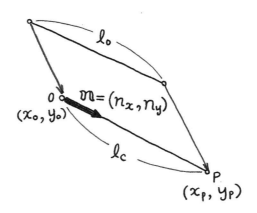

図8-3　バネの変形と単位ベクトル

バネ定数 e は紐の材料に固有の値で、変化しません。一方、単位ベクトル $\boldsymbol{n}$ は運動にともなって変化しますが、次のように計算することができます。

[式8.2]
$$n_x = \frac{x_p - x_o}{l_c}$$
$$n_y = \frac{y_p - y_o}{l_c}$$

また、応力 S はバネ定数 e と長さ変化の割合（歪）の積として、次のように計算することができます。

[式8.3]
$$S = \frac{e(l_c - l_o)}{l_o}$$

質点に作用する力 (F_i, G_i) は、**図8-4**のように連結したバネから受ける作用をすべて合計した値で、[式8.4]のように計算できます。

[式8.4]
$$F_i = \sum_k f_k$$
$$G_i = \sum_k g_k + m_i g$$

[式8.4] で f_k、g_k は、それぞれ連結したバネが質点に及ぼす x 方向と y 方向の力です。Σ（シグマ）は連結したバネからの力をすべて合計することを意味しています。**図8-4**の例では、2本のバネから受ける力の x 方向成分（f_0 と f_1）と y 方向成分（g_0 と g_1）をそれぞれ合計します。また、y 方向には重力の影響 $m_i g$ も加えます。

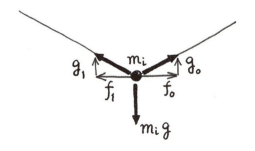

図8-4　質点に作用する力

図8-5のようにバネが伸びた時を考えましょう。両端には互いに反対向きの力Sが作用します。ゴム紐の両端を手で引っ張って実感するとより理解が深まるでしょう。この時、質点kには張力Sが作用し、f_k、g_kはSと単位ベクトル成分の積として次のように計算できます。

［式8.5］
$$f_k = S \cdot n_x$$
$$g_k = S \cdot n_y$$

一方、質点lにはその反対向きの力が作用します。

［式8.6］
$$f_l = -S \cdot n_x$$
$$g_l = -S \cdot n_y$$

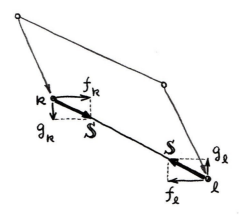

図8-5 作用する力とその方向

8.2 コーディングする

オブジェクト指向プログラミングの手法で、モデルをコーディングしましょう。バネは`Spring`クラスにまとめ、質点は`Mass`クラスにまとめます。これらのクラスを使って、**図8-1**に示したような紐のモデルを作ります。`Spring`クラスによって作るインスタンスの名前を`s[ ]`としましょう。いくつもあるバネを、`s`という名前の配列とするわけです。また、`Mass`クラスによって作るインスタンスの名前を`c[ ]`としましょう。こちらも複数の質点を`c`という名前の配列とするわけです。

8.2.1　Spring クラス

　バネの基本形 Spring クラスから始めましょう。フィールドには、バネの番号 id、バネの両端にある質点の番号 o と p、バネ定数 e、変形前後の長さ lo と lc、単位ベクトルの成分 nx と ny、応力 S、Mass クラスのインスタンス m[] を書きます。コンストラクタでは、id、o、p、e、m をパラメータとし、lo、lc、nx、ny、S は計算によって値を設定します。メソッドは、バネを表示する display()、単位ベクトルを計算する unitVector()、応力を計算する stress()、変形後の長さを計算する length() です。したがって、Spring クラスは概ね次のようになるでしょう。

```
class Spring {
  int id;
  int o, p;
  float e;
  float lo;
  float lc;
  float nx, ny;
  float S;
  Mass[] m;

  Spring(int id_,int o_,int p_,float e_,Mass[] m_) {
    ………
    ………
  }

  void display() {
    ………
    ………
  }

  void unitVector() {
    ………
    ………
  }

  void stress() {
    ………
    ………
  }

  void length() {
    ………
    ………
```

```
    }
  }
```

コンストラクタでは、バネの番号id、バネの両端にある質点の番号oとp、バネ定数e、Massクラスのインスタンスをパラメータとします。バネの変形前長さはProcessingの関数dist()を使ってoとpの二点間の距離として計算します。変形後の長さlcも初期値ではloと同じです。

```
Spring(int id_,int o_,int p_,float e_,Mass[] m_) {
  id = id_;
  o = o_;
  p = p_;
  e = e_;
  m = m_;
  lo = dist(m[o].x,m[o].y,m[p].x,m[p].y);
  lc = lo;
}
```

display()は、oとpの値から両端にある質点の座標(xo, yo)と(xp, yp)を調べて、line()で直線を描きます。その時、応力Sの正負によって色を変えます。正の時は引っ張りで赤、負の時は圧縮で青、0の時は伸び縮みがなくて白とします。

```
void display() {
  float xo = m[o].x;
  float yo = m[o].y;
  float xp = m[p].x;
  float yp = m[p].y;
  if (S > 0) {
    stroke(255,0,0);
  } else if (S==0) {
    stroke(255);
  } else {
    stroke(0,0,255);
  }
  line(xo,yo,xp,yp);
}
```

unitVector()は、[式8.2]を使って単位ベクトルを計算します。

```
void unitVector() {
```

```
    nx = (m[p].x-m[o].x)/lc;
    ny = (m[p].y-m[o].y)/lc;
  }
```

stress()は、[式8.3] を使って応力を計算します。

```
void stress() {
  S = e*(lc-lo)/lo;
}
```

length()は、dist()を使って変形後の長さを計算します。

```
void length() {
  lc = dist(m[o].x,m[o].y,m[p].x,m[p].y);
}
```

8.2.2 Mass クラス

　質点の基本形として Mass クラスを作りましょう。フィールドには、質点の番号 id、位置座標 x と y、質量 mass、質点に作用する力の成分 F と G、速度の成分 u と v、質点が可動かどうかを示す movable、その質点につながるバネの数 ncon、つながるバネの番号 id を並べたリスト connections、Spring クラスのインスタンス c[] を書きます。メソッドは、質点を表示する display()、質点に接続するバネのリストを生成する link()、質点に作用する力を計算する force() です。したがって、Mass クラスは概ね次のようになるでしょう。

```
class Mass {
  int id;
  float x, y;
  float mass;
  float F, G;
  float u, v;
  boolean movable;
  int ncon;
  int[] connections = new int[0];
  Spring[] c;
  
  Mass(int id_,float x_,float y_,float m_,boolean move_,Spring[] c_) {
    ............
    ............
```

```
  }

  void display() {
    ……………
    ……………
  }

  void link() {
    ……………
    ……………
  }

  void force() {
    ……………
    ……………
  }
}
```

　コンストラクタでは、力の成分FとG、速度の成分uとvを0に初期化します。その他はパラメータを使って設定します。

```
Mass(int id_,float x_,float y_,float m_,boolean move_,Spring[] c_) {
    id = id_;
    x = x_;
    y = y_;
    mass = m_;
    F = 0;
    G = 0;
    u = 0;
    v = 0;
    movable = move_;
    c = c_;
}
```

　display()では、ellipse()を使って質点を円として描きます。その時、移動可能な質点は白で、固定された質点は黒とします。

```
void display() {
  if (movable==true) {
    fill(255);
  } else {
    fill(0);
```

```
    }
    noStroke();
    ellipse(x,y,6,6);
}
```

link() はすべてのバネを 1 本ずつ調べて、その質点に接続しているバネのリスト connections[] を作ります。**図8-6**の例で、質点 m8 は**図8-7**のようなリストを持つことになります。connections[] には append() を使って要素を必要な数だけ追加します。この処理が完了した時、ncon には接続するバネの数が記録されています。**図8-6**の例では 4 です。

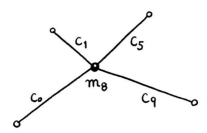

図8-6　質点につながるバネの例

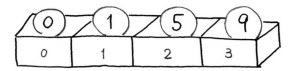

図8-7　つながるバネのリスト connections[] の例

```
void link() {
  ncon = 0;
  for (int i=0; i<ns; i++) {
    if (c[i].o==id) {
      connections = append(connections,c[i].id);
      ncon++;
    }
    if (c[i].p==id) {
      connections = append(connections,c[i].id);
      ncon++;
    }
  }
}
```

force()は質点に作用する力をすべて合計して、力の成分FとGを計算します。まず、axとayを0に初期化します。応力Sはバネの両端で互いに反対向きに作用しますから、connections[]にあるバネを1本ずつ調べて注目する質点が**図8-5**のどちら側なのかを判定しなければなりません。単位ベクトルの起点側なら［式8.5］で、そうでないなら［式8.6］で計算してaxとayに加算します。nconの数だけ合計したら、最後にaxをFに代入し、Gにはayと質量の影響であるmass*gを代入します。

```
void force() {
  float ax=0, ay=0;
  for (int i=0; i<ncon; i++) {
    int k = connections[i];
    if (c[k].o==id) {
      ax = ax+c[k].S*c[k].nx;
      ay = ay+c[k].S*c[k].ny;
    } else if (c[k].p==id) {
      ax = ax-c[k].S*c[k].nx;
      ay = ay-c[k].S*c[k].ny;
    }
  }
  F = ax;
  G = ay+mass*g;
}
```

8.2.3　線形加速度法

ここまで準備できれば、次はいよいよ運動の計算です。［式8.1］を使って質点の位置の変化を計算しましょう。まず、速度 u_i と v_i について考えます。速度は、短い時間 Δt における位置の変化から次のように近似的に計算できます。

［式8.7］
$$u_i(t) = \frac{x_i(t+\Delta t) - x_i(t)}{\Delta t}$$
$$v_i(t) = \frac{y_i(t+\Delta t) - y_i(t)}{\Delta t}$$

［式8.7］を変形すると

[式8.8]
$$x_i(t+\Delta t) = x_i(t) + u_i(t)\Delta t$$
$$y_i(t+\Delta t) = y_i(t) + v_i(t)\Delta t$$

となりますが、これによって時刻 t における位置 (x_i, y_i) と速度 (u_i, v_i) から短い時間 Δt が経過した後の位置を計算できます。一方、加速度も同じように速度の変化から次のように近似できます。

[式8.9]
$$\frac{du_i}{dt} = \frac{u_i(t+\Delta t) - u_i(t)}{\Delta t}$$
$$\frac{dv_i}{dt} = \frac{v_i(t+\Delta t) - v_i(t)}{\Delta t}$$

この近似を [式8.1] に代入すると、次のようになります。

[式8.10]
$$m_i \frac{u_i(t+\Delta t) - u_i(t)}{\Delta t} = F_i$$
$$m_i \frac{v_i(t+\Delta t) - v_i(t)}{\Delta t} = G_i$$

[式8.10] の右辺は質点に作用する力ですが、これに速度に比例する力 cu_i と cv_i を追加しましょう。

[式8.11]
$$m_i \frac{u_i(t+\Delta t) - u_i(t)}{\Delta t} = F_i - cu_i$$
$$m_i \frac{v_i(t+\Delta t) - v_i(t)}{\Delta t} = G_i - cv_i$$

$c = 0$ の時、[式8.11] は [式8.10] と一致しますが、この場合の運動は止まることなく動き続けます。追加した力は「減衰力」と呼ばれ、運動を停止させようとする力です。また、定数 c は「減衰定数」と呼ばれます。現実の世界では、空気抵抗や摩擦抵抗によって運動は徐々に減衰し、やがて静止しますから、この項は重要です。[式8.11] から最終的に次の式が得られます。

[式8.12]
$$u_i(t+\Delta t) = u_i(t) + \frac{[F_i - cu_i(t)]\Delta t}{m_i}$$
$$v_i(t+\Delta t) = v_i(t) + \frac{[G_i - cv_i(t)]\Delta t}{m_i}$$

[式8.12] は、時刻 t でわかっている力と速度を使って次の時刻における速度を計算できることを示しています。[式8.8] と [式8.12] を使って質点の運動を時々刻々と計算することができるのです。このような計算手法を「線形加速度法」と呼びます。

線形加速度法を、関数 laccm() という名前の関数にまとめましょう。時刻 t を dt だけ増加し、for ループを使ってすべての移動可能な質点について [式8.8] と [式8.12] の計算を実行します。変数 movable が true の質点にだけ計算を実行します。減衰定数の変数名は dc としました。時刻 t の初期値は 0 です。時間区間 dt=0.01 で、減衰定数 dc=20 としてみました。

```
float t = 0.0, dt = 0.01;
float dc = 20;

void laccm() {
  t = t+dt;
  for (Mass a : m) {
    if (a.movable==true) {
    a.u = a.u+(a.F-dc*a.u)*dt/a.mass;
    a.v = a.v+(a.G-dc*a.v)*dt/a.mass;
    a.x = a.x+a.u*dt;
    a.y = a.y+a.v*dt;
    }
  }
}
```

8.2.4 setup() と draw()

図8-1 のような紐についてシミュレーションを実行しましょう。バネの数は変数 ns に、質点の数は変数 nm に代入します。Spring クラスのインスタンスは配列の c[]、Mass クラスのインスタンスは配列 m[] です。重力加速度は変数名を g として 9.8 を設定します。

```
int ns = 5;
int nm = 6;
Spring[] c = new Spring[ns];
```

```
Mass[] m = new Mass[nm];
float g = 9.8;
```

　setup()ではウィンドウのサイズを設定し、バネと質点のインスタンスを生成します。計算のスピードを調節するためにframeRate(600)の設定もしました。すべての質点について接続するバネのリスト(**図8-6**、**図8-7**参照)をあらかじめ作成しておくために、メソッドlink()を呼び出して実行します。

```
void setup() {
  size(800,800);
  frameRate(600);
  /*         Mass(id,x,y,mass,movable,spring) */
  m[0] = new Mass(0,150,400,100,false,c);
  m[1] = new Mass(1,250,400,100,true,c);
  m[2] = new Mass(2,350,400,100,true,c);
  m[3] = new Mass(3,450,400,100,true,c);
  m[4] = new Mass(4,550,400,100,true,c);
  m[5] = new Mass(5,650,400,100,false,c);
  /*         Spring(id,no,n1,em,mass) */
  c[0] = new Spring(0, 0, 1, 21000, m);
  c[1] = new Spring(1, 1, 2, 21000, m);
  c[2] = new Spring(2, 2, 3, 21000, m);
  c[3] = new Spring(3, 3, 4, 21000, m);
  c[4] = new Spring(4, 4, 5, 21000, m);

  for (Mass a : m) {
    a.link();
  }
}
```

　draw()では、background(128)と書いて背景をグレーで塗りつぶします。バネの計算から始めるためにバネの数だけforループで繰り返します。forループの中では、まず長さをlength()で計算し、応力をstress()で、単位ベクトルをunitVector()でと計算を進め、最後にdisplay()でウィンドウに表示します。次は質点の計算です。質点の数だけforループを繰り返す中で、質点へつながるバネに作用する力をforce()で計算して、display()でウィンドウに表示します。ここまでで線型加速度法で計算する準備が整いますから、laccm()を呼び出せば次の時刻の質点の位置を計算することができます。draw()に書かれた手順が繰り返されて、紐の動きをシミュレーションできるというわけです。

```
void draw() {
  background(128);
  for (Spring a : c) {
    a.length();
    a.stress();
    a.unitVector();
    a.display();
  }
  for (Mass a : m) {
    a.force();
    a.display();
  }
  laccm();
}
```

8.2.5 プログラムコード

完成したプログラムコードの全体は次のようになります。

```
/* Hanging string */

int ns = 5;                        /* number of springs */
int nm = 6;                        /* number of masses */
Spring[] c = new Spring[ns];       /* instances of spring*/
Mass[] m = new Mass[nm];           /* instances of mass */
float g = 9.8;                     /* gravity */

void setup() {
  size(800,800);
  frameRate(600);
  /*         Mass(id,x,y,mass,movable,spring) */
  m[0] = new Mass(0,150,400,100,false,c);
  m[1] = new Mass(1,250,400,100,true,c);
  m[2] = new Mass(2,350,400,100,true,c);
  m[3] = new Mass(3,450,400,100,true,c);
  m[4] = new Mass(4,550,400,100,true,c);
  m[5] = new Mass(5,650,400,100,false,c);
  /*         Spring(id,no,n1,em,mass) */
  c[0] = new Spring(0, 0, 1, 21000, m);
  c[1] = new Spring(1, 1, 2, 21000, m);
  c[2] = new Spring(2, 2, 3, 21000, m);
  c[3] = new Spring(3, 3, 4, 21000, m);
  c[4] = new Spring(4, 4, 5, 21000, m);

  for (Mass a : m) {
```

```
      a.link();
    }
  }

  void draw() {
    background(128);
    for (Spring a : c) {
      a.length();
      a.stress();
      a.unitVector();
      a.display();
    }
    for (Mass a : m) {
      a.force();
      a.display();
    }
    laccm();
  }

class Spring {
    int id;              /* identity number */
    int o, p;            /* mass at both ends */
    float e;             /* elastic modulus */
    float lo;            /* original length */
    float lc;            /* current length */
    float nx, ny;        /* unit vector */
    float S;             /* current stress */
    Mass[] m;            /* instances of mass */

    Spring(int id_,int o_,int p_,float e_,Mass[] m_) {
      id = id_;
      o = o_;
      p = p_;
      e = e_;
      m = m_;
      lo = dist(m[o].x,m[o].y,m[p].x,m[p].y);
      lc = lo;
    }

    void display() {
      float xo = m[o].x;
      float yo = m[o].y;
      float xp = m[p].x;
      float yp = m[p].y;
      if (S > 0) {                  /* case of tension*/
        stroke(255,0,0);
      } else if (S==0) { /* case of no stress */
```

```
      stroke(255);
    } else {              /* case of compression */
      stroke(0,0,255);
    }
    line(xo,yo,xp,yp);
  }

  void unitVector() {
    nx = (m[p].x-m[o].x)/lc;
    ny = (m[p].y-m[o].y)/lc;
  }

  void stress() {
    S = e*(lc-lo)/lo;
  }

  void length() {
    lc = dist(m[o].x,m[o].y,m[p].x,m[p].y);
  }
}

class Mass {
  int id;                            /* identity number */
  float x, y;                        /* coordinates */
  float mass;                        /* mass */
  float F, G;                        /* external force */
  float u, v;                        /* velocity */
  boolean movable;                   /* boundary conditions */
  int ncon;                          /* number of connections */
  int[] connections = new int[0];    /* connected springs */
  Spring[] c;                        /* springs */

  Mass(int id_,float x_,float y_,float m_,boolean move_,Spring[] c_) {
    id = id_;
    x = x_;
    y = y_;
    mass = m_;
    F = 0;
    G = 0;
    u = 0;
    v = 0;
    movable = move_;
    c = c_;
  }

  void display() {
    if (movable==true) {
```

```
      fill(255);
    } else {
      fill(0);
    }
    noStroke();
    ellipse(x,y,6,6);
  }

  void link() {
    ncon = 0;
    for (int i=0; i<ns; i++) {
      if (c[i].o==id) {
        connections = append(connections,c[i].id);
        ncon++;
      }
      if (c[i].p==id) {
        connections = append(connections,c[i].id);
        ncon++;
      }
    }
  }

  void force() {
    float ax=0, ay=0;
    for (int i=0; i<ncon; i++) {
      int k = connections[i];
      if (c[k].o==id) {
        ax = ax+c[k].S*c[k].nx;
        ay = ay+c[k].S*c[k].ny;
      } else if (c[k].p==id) {
        ax = ax-c[k].S*c[k].nx;
        ay = ay-c[k].S*c[k].ny;
      }
    }
    F = ax;
    G = ay+mass*g;
  }
}

/* Linear acceleration method */

float t = 0.0, dt = 0.01;       /* time variables,increment */
float dc = 20;                  /* damping coefficient */

void laccm() {
  t = t+dt;
  for (Mass a : m) {
```

```
      if (a.movable==true) {
      a.u = a.u+(a.F-dc*a.u)*dt/a.mass;
      a.v = a.v+(a.G-dc*a.v)*dt/a.mass;
      a.x = a.x+a.u*dt;
      a.y = a.y+a.v*dt;
      }
   }
}
```

図8-8のように、重力の作用で下に引っ張られて伸び、伸びた分だけ下にたるむ様子がわかります。

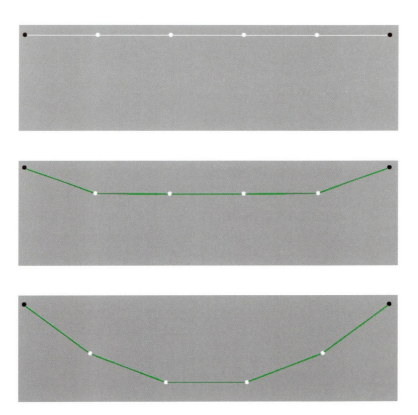

図8-8　両端を固定した紐の垂れ下がる様子

《 やってみよう 》

質点を増やし、図8-9のように固定する位置を変更して試してみましょう。

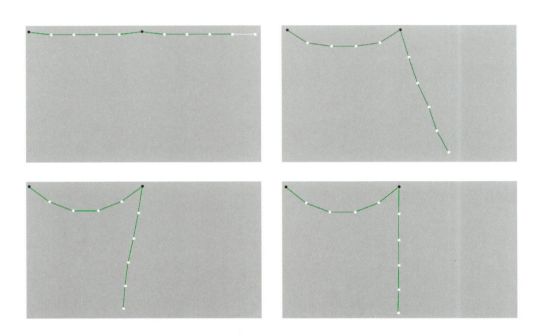

図8-9　紐の運動

Chapter 9

貝殻の模様はどのようなルールで形成されるのか？

──セルオートマトン

　　　　　　貝殻の美しい模様は、局所的な相互作用によるものと言われます。図9-1（172ページ）の貝は、イモ貝の一種です。熱帯水域の珊瑚礁に住む海のカタツムリで、コーンスネール（Cone snails, Conus）とも呼ばれます。長さ20cm程度まで成長します。約500の異なる種があり、海の虫、小さな魚や他の軟体動物などを食べる肉食性の生物で、貝殻にはたいへん美しい模様があります。

　　　　　　貝殻の淵に沿って細く帯状に存在する色素細胞のそれぞれは、隣の細胞が色素を分泌するのか抑制するのかによって、その細胞自身が色素を分泌するかどうかを決定します。ゆっくりした成長とともにこのような反応が起こると、貝殻の淵に沿う細胞の帯は貝殻の表面に模様を残すことになります。隣の細胞の状態によって、自分自身の状態が自動的に決まるわけです。これは一種の「セルオートマトン」です。この章では、セルオートマトンによってパターンが生まれる様子を見てみましょう。

9.1 セルオートマトンとは

　渡り鳥のように群れをなして飛ぶ鳥たちを見たことはあるでしょうか。このような鳥の群れには誰かリーダーがいるのでしょうか。あまりにも協調したその振る舞いから、リーダーが出す指令に他のすべての鳥たちが従って行動しているのだろうと多くの人が考えるでしょう。しかし、実際はそうではないのだそうです。鳥の群れを実現させる一羽一羽の鳥の振る舞いは次のようなものだと考えられています。

1）近くにいる仲間と衝突しないようにする。
2）近くにいる仲間と速度を一致させるようにする。
3）近くにいる仲間に周りを囲まれた状態になろうとする。

　この3つのルールにしたがってメンバーそれぞれが振る舞うことで、群れとしての協調行動が発現するというわけです。似たような現象は他にも見られます。砂丘にできる砂の模様もそのひとつです。砂丘に吹く風の影響でできる美しい模様ですが、もちろんこれもデザイナーがいて意図的に描いたものではありません。砂の一粒一粒が、それを囲む周りの状況とあるルールに従って、その位置を決めているのです。その結果が美しい模様となって発現しています。

　高速道路で発生する交通渋滞（自然渋滞）もその一種です。前の車のブレーキランプがつくと後続の車は衝突を避けるためにブレーキを踏み、それを見た後ろの車もブレーキを踏みという具合に繰り返されて、車と車の間隔はだんだん密になり、自然渋滞となってしまいます。この場合にも、誰かが止まれと指示したわけではありません。車と車の相互作用によるものです。

　ここで重要なのは、全体を統率する誰かの指令に従って現象が生じるのではなく、全体を構成するメンバーまたは要素のそれぞれが周囲の状況を判断して一定のルールで振る舞うことで、ある秩序が形成されるという点です。周囲の状況を判断して一定のルールで振る舞うことを、「局所的なルールに基づく相互作用」という言葉で表現することがあります。この、局所的なルールに基づく相互作用を調べるための計算モデルとして、「セルオートマトン」（セル：細胞、オートマトン：自動機械）があります。

　これからお話しするセルオートマトン（ウルフラムのセルオートマトン：Wolfram's cellular automaton）で30番と呼ばれるルールを適用すると、**図9-2**のようなパターンが生成されます。**図9-1**のイモ貝の模様と比べてみると、驚くほどよく似ています。

図9-1　イモ貝

図9-2　ウルフラムの30番

9.2　ウルフラムのセルオートマトン

　ウルフラム（Stephen Wolfram：理論物理学者）のセルオートマトンとはどのようなものでしょう。まず、セルは**図9-3**のように横一列に並んでいるとします。正方形で描いた一つひとつを「セル」と呼び、各セルは1または0の状態が可能で、状態1を黒、状態0を白で表すことにします。初期状態と状態変化のルールを設定すれば、各セルの状態は時間とともに変化します。**図9-4**のステップ：0は初期状態の一例です。時間とともにステップ：1、ステップ：2……と変化していくのです。この時間ステップごとの変化を縦に並べると、**図9-5**のような模様が現れます。

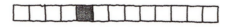

図9-3　一列に並んだセル

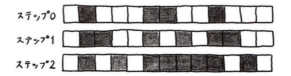

図9-4　時間的変化

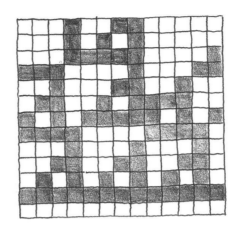

図9-5　セルオートマトンによって生成される模様

　注目するセルとその両隣のセルを考慮する場合には、可能な状態は**図9-6**の上段に示す8パターンです。**図9-6**で注目するセルは3つ並んだセルの中央です。このセルが、次のステップで□となるのか■となるのかを決めるのがルールです。一番左の例では、注目するセルと両隣のセルが□□□すなわち000のとき、次のステップで注目セルが□すなわち0となることを意味しています。同じように□□■すなわち001のときには、次のステップで■すなわち1となるわけです。3つのセルを3桁の二進数と考えれば、□□□すなわち000は十進数の0、□□■すなわち001は十進数の1、■■□すなわち110は十進数の6、■■■すなわち111は十進数の7となりますから、このルールは**表9.1**のように書くことができます。注目セルと両隣の3つのセルを3桁の二進数と見て、その値を十進数に変換します。**表9.1**に示されるルール表の上段でその数を探せば、次のステップの状態がその下に書かれているのです。

図9-6　左右両隣を考慮する状態変化規則の例

表9.1　ルール表の一例（30番）

0	1	2	3	4	5	6	7
0	1	1	1	1	0	0	0

ルールの数は全部でいくつあるでしょうか。表の下段8ヶ所で1または0の値が可能ですから、その組み合せは2^8=256通りとなります。ウルフラムは、これらのルールに0から225までの番号を付けて整理しました。表9.1に示した例は、前述した30番と呼ばれるルールです。これにもとづきコーディングしてみましょう。

9.3 コーディングする

横一列に並んだセルを一次元配列としましょう。更新の途中で一時的にデータを保存するセルも必要となりますが、これも一次元配列です。配列の名前はそれぞれcell[]とtemp[]です。表9.1で示されるようなルールも配列とするのが便利です。この配列の名前はrule[]とします。setup()ではウィンドウの大きさを決めて、セルの初期化を行います。初期化のためにinit()という関数を作ります。draw()ではセルの状態を表示して、次の状態を計算し更新します。表示はdisplay()、更新はupdate()という関数にまとめます。

9.3.1 変数の準備

横一列に並んだ100個のセルを考えましょう。この他に左右に1個ずつ余計に仮想セルが必要となりますから、セルの数は102個です。値は0か1ですからint型です。rule[]もint型で、表9.1の8個の要素を代入しておきます。

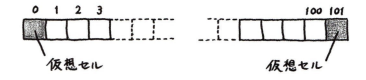

図9-7 セルの準備

```
int[] cell = new int[102];
int[] temp = new int[102];
int[] rule = {0,1,1,1,1,0,0,0};
```

9.3.2 値の設定

　setup()ではウィンドウのサイズを設定します。辺の長さ8ピクセルの正方形のセルが、縦横に100個ずつ並ぶ800×800ピクセルのウィンドウとします。仮想のセルは表示しません。計算がゆっくり進むようにframeRate(1)としました。セルの最初の状態はランダムに決定しましょう。このためにinit()という名前の関数を作ります。

```
void setup() {
  size(800,800);
  frameRate(1);
  noStroke();
  init();
}
```

　init()は、次に示すように100個のセルに0または1の数値をランダム設定する関数です。random(0,1)は0と1の間の実数、たとえば0.3や0.6を生成します。これに0.5を足してint()で整数化すると切り捨てられて、たとえば0.8なら0が、1.1なら1が配列に保存されます。したがって、100個のセルには0または1がランダムに設定されます。次に、cell[0]にはcell[100]を代入し、cell[101]にはcell[1]を代入します。左端のセルcell[1]は、更新の計算をするときにさらにその左のセルcell[0]の値を必要としますが、もしセルの左右が**図9-8**のようにつながっていれば計算に必要なセルは右端のセルcell[100]ということになります。cell[0] = cell[100];としておけば、左端を特別に扱わなくて済むようになります。右端のセルについても同様です。ちなみに、左右の境界におけるこのような条件を「周期境界条件」と言います。

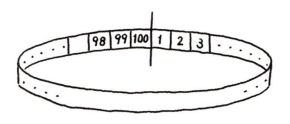

図9-8　周期境界条件

```
void init() {
  for (int i=1;i<=100;i++) {
    cell[i] = int(random(0,1)+0.5);
  }
  cell[0] = cell[100];
  cell[101] = cell[1];
}
```

9.3.3 draw()

draw()では、セルの状態の表示と更新を行います。表示のための関数display()を呼び出し、更新のための関数update()を呼び出します。これを100回繰り返しながら、ウィンドウの下の方向に順番に描きます。

```
void draw() {
  for (int step=1;step<=100;step++) {
    display(step);
    update();
  }
}
```

9.3.4 表示する display()

display()は、正方形でセルを描きます。その時、セルの状態が0なら白で、1なら黒で塗りつぶします。正方形のx座標は(i-1)*8で、y座標はステップごとに下の方向に描くために(step-1)*8で計算します。8は辺の長さでしたね。

```
void display(int step) {
  for (int i=1;i<=100;i++) {
    if (cell[i] == 1) {
      fill(0);
    } else {
      fill(255);
    }
    rect((i-1)*8,(step-1)*8,8,8);
  }
}
```

9.3.5　状態を更新する update()

update() は、ルールに従って次のステップのセルの状態を計算します。i 番目のセルの状態を計算するには、前後（i-1）番目と（i+1）番目を含む3つのセルを3桁の二進数とみなして、十進数に変換します。

```
int p = cell[i-1]*4+cell[i]*2+cell[i+1];
```

3桁の二進数は、順に4の位、2の位、1の位ですから、このように計算すると十進数に変換できます。この p を使ってルール表の p 番目を見ます。すると、ルール表の p 番目には次のステップで0となるか1となるかが書いてありますから

```
    temp[i] = rule[p];
```

とすれば、次のステップにおけるセルの状態を計算することができます。一列をすべて更新したら、改めて cell[i] に代入します。こうしないと更新の途中で状態が変わってしまうからです。仮想のセルの処理も忘れずに行います。

```
  cell[0]   = cell[100];
  cell[101] = cell[1];
```

図9-9　更新

update() をまとめると、次のようになるでしょう。

```
void update() {
  for (int i=1;  i<=100;  i++) {
    int p = cell[i-1]*4+cell[i]*2+cell[i+1];
    temp [i] = rule[p];
  }
  for (int i=1;i<=100;i++) {
    cell[i] = temp[i];
  }
```

```
    cell[0] = cell[100];
    cell[101] = cell[1];
}
```

9.3.6 画像を保存する

ウィンドウに描かれたパターンを png 形式の画像データとして保存しましょう。次のように keyPressed() を追加します。キーボードのキーが押されて、そのキーが s であれば、その瞬間にウィンドウに表示された画像が "CellularAutomaton_####.png" という名前のファイルに保存されます。#### は、その瞬間のフレーム番号です。

```
void keyPressed() {
  if (key == 's') {
    saveFrame("CellularAutomaton_####.png");
  }
}
```

9.3.7 プログラムコード

完成したプログラムコードの全体は次のようになります。

```
/* Cellular Automaton */

int[] cell = new int[102];        /* cells */
int[] temp = new int[102];        /* temporary cells */
int[] rule = {0,1,1,1,1,0,0,0};   /* rule */

void setup() {
  size(800,800);
  frameRate(1);
  noStroke();
  init();
}

void draw() {
  for (int step=1;step<=100;step++) {
    display(step);
    update();
  }
}
```

```
void init() {
  for (int i=1;i<=100;i++) {
    cell[i] = int(random(0,1)+0.5);
  }
  cell[0] = cell[100];
  cell[101] = cell[1];
}

void update() {
  for (int i=1; i<=100; i++) {
    int p = cell[i-1]*4+cell[i]*2+cell[i+1];
    temp[i] = rule[p];
  }
  for (int i=1;i<=100;i++) {
    cell[i] = temp[i];
  }
  cell[0] = cell[100];
  cell[101] = cell[1];
}

void display(int step) {
  for (int i=1;i<=100;i++) {
    if (cell[i] == 1) {
      fill(0);
    } else {
      fill(255);
    }
    rect((i-1)*8,(step-1)*8,8,8);
  }
}

void keyPressed() {
  if (key == 's') {
    saveFrame("CellularAutomaton_####.png");
  }
}
```

やってみよう

やってみよう　表9.2の90番と呼ばれるルールと、表9.3の110番と呼ばれるルールを試してみましょう。

表9.2　ルール表の一例（90番）

0	1	2	3	4	5	6	7
0	1	0	1	1	0	1	0

表9.3　ルール表の一例（110番）

0	1	2	3	4	5	6	7
0	1	1	1	0	1	1	0

Chapter 9

貝殻の模様はどのようなルールで形成されるのか？——セルオートマトン

Part 2 コンピュータシミュレーション

Chapter 10

ライフゲーム

──相互作用の作り出すパターン

　ライフゲームは、数学者コンウェイ（John Conwey）によって発表（1970）されました。しかし、いわゆる「ゲーム」ではありません。したがって、プレーヤーはいませんし、勝ち負けもありません。初期配置が与えられると、後はルールによってすべてが決まってしまいます。その後に起こるすべてが、初期配置とルールによって決まるのです。ルールはとても単純ですが、想像以上に面白いものです。この章では、ライフゲームを作成してみましょう。

10.1　ライフゲームのルール

　ライフゲームは二次元の正方格子上で動作します。一つひとつの正方形を「セル」と呼びます。各セルは「生」または「死」という状態をもっています。生の状態にあるセルを値1で表現し、そのセルを黒で塗りつぶすことにしましょう。死の状態にあるセルの値は0で白にします。各セルには「近傍」と呼ばれる領域があります。ライフゲームの近傍というのは、隣接する8つのセルのことです。ルールを適用するには、各セルの近傍に、生の状態にあるセルがいくつあるかを数えます。次の時刻（少し時間が経過した次のステップ）に起こることは、この数によって決まります。

〈 ルール1 〉 **誕生**
　死の状態にあるセルは、その近傍に生の状態にあるセルが3つだけ存在するなら、次の時刻に生の状態となる。

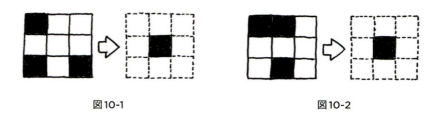

図10-1　　　　　　　　　　図10-2

　図10-1 と **10-2** の場合、中央のセルが次の時刻で生の状態となります。それぞれの右の図で8近傍を点線で示しているのは、次の時刻において中央のセルの状態のみが決まり、周囲のセルの状態はまたその周囲を調べなければ決定できないからです。

〈 ルール2 〉 **生き残り**
　生の状態にあるセルは、2つまたは3つの生の状態にあるセルに隣接していたなら、次の時刻においても生き残る。

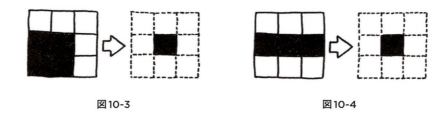

図10-3   図10-4

図10-3と10-4の場合、中央のセルは次の時刻においても生き残ります。

〈ルール3〉 死

その他すべての場合、セルは死ぬか死んだままの状態となる。

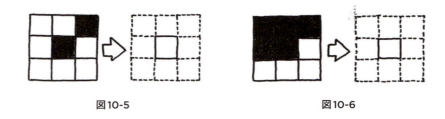

図10-5   図10-6

図10-5と10-6の場合、中央のセルが次の時刻で死の状態となります。

　このルールを表にまとめると**表10.1**のようになります。たとえば**図10-1**を表で見ると、中央のセルは死の状態ですから現在の値は0で、周りに生の状態のセルが3つあるので隣接するセルの値の合計は3です。**表10.1**によると新しいセルの値は1となります。すなわち、次の時刻で中央のセルは生の状態となるのです。

　図10-6なら、中央のセルは生の状態ですから現在の値は1、周りに生の状態のセルが4つあるので隣接するセル値の合計は4です。**表10.1**によると新しいセル値は0となります。すなわち、次の時刻で中央のセルは死の状態となるのです。

　この表を使って、さっそくライフゲームを作ってみましょう。

表10.1　生死のルール

隣接する8つのセル値の合計	0	1	2	3	4	5	6	7	8
現在の値が0の場合の新しいセル値	0	0	0	1	0	0	0	0	0
現在の値が1の場合の新しいセル値	0	0	1	1	0	0	0	0	0

10.2 コーディングする

　ウィンドウにセルを敷き詰めるために、まずsetup( )では、init( )という関数ですべてのセルに0を設定し、display( )という関数でセルの状態を表示します。また、ウィンドウ上のセルをクリックすると値が1になるように、mousePressed( )という関数も作ります。状態を更新するのはupdate( )という関数です。キーボードの「e」が押されるとupdate( )が実行され、黒いセルが生き物のように動き出すプログラムを作りましょう。

10.2.1　変数の準備

　敷き詰めるセルの数は、縦に80個で横も80個です。一つひとつのセルは、辺の長さ10ピクセルの正方形です。したがって、ウィンドウの大きさは縦横ともに800です。セルの数を示す変数nに80を代入し、辺の長さを示す変数dに10を代入します。セルはcell[ ][ ]と名前をつけたint型の二次元配列とします。このcell[ ][ ]は外側に一列ずつ余計なセルを必要としますので、サイズは[n+2][n+2]です。セルの値を更新するには、temp[ ][ ]と名前をつけた一時的な二次元配列も使います。表10.1の生死のルールの2行目と3行目を、rule[ ][ ]という二次元配列を作ってデータを直接代入します。

```
int n = 80, d = 10;
int[][] cell = new int[n+2][n+2];
int[][] temp = new int[n+2][n+2];
int[][] rule = {{0,0,0,1,0,0,0,0,0}, {0,0,1,1,0,0,0,0,0}};
```

10.2.2 setup()

ウィンドウの大きさは 800 × 800 です。frameRate(30) として、少しゆっくり変化するように実行速度を調節します。init() という関数で初期化して、display() という関数で初期状態を描いて準備します。

```
void setup() {
  size(800,800);
  frameRate(30);
  init();
  display();
}
```

10.2.3 draw()

draw() ではキーボードの「e」が押されるたびに境界処理、更新、表示を実行します。境界処理は boundary()、更新は update()、表示は display() という関数で実行します。

```
void draw() {
  if (keyPressed) {
    if (key == 'e') {
      boundary();
      update();
      display();
    }
  }
}
```

10.2.4 初期化

初期化 init() は、すべてのセルの値を0にします。

```
void init() {
  for (int i=0; i<=n+1; i++) {
    for (int j=0; j<=n+1; j++) {
      cell[i][j] = 0;
    }
  }
}
```

10.2.5 表示

表示display()は、外側の仮想セルを除いたすべてのセルの状態を表示します。セルの状態が1なら黒、0なら白として、一辺の長さがdの正方形で描きます。

```
void display() {
  for (int i=1; i<=n; i++) {
    for (int j=1; j<=n; j++) {
      if (cell[i][j] == 1) {
        fill(0);
      } else {
        fill(255);
      }
      rect((i-1)*d, (j-1)*d, d, d);
    }
  }
}
```

10.2.6 境界処理

境界処理boundary()は、外側の仮想セルの状態を設定します。前章のセルオートマトンで考えたように、ここでも上下の境界が**図10-7**のようにつながった周期境界条件を設定しましょう。左右についても同じように周期境界条件を設定します。すると、たとえばcell[i][0]という仮想のセルは、cell[i][n]と等しいとすればいいでしょう。その他も同様です。

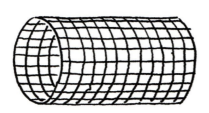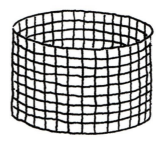

図10-7 周期境界条件のイメージ

```
void boundary() {
  for (int i=1; i<=n; i++) {
    cell[i][0] = cell[i][n];
    cell[i][n+1] = cell[i][1];
    cell[0][i] = cell[n][i];
    cell[n+1][i] = cell[1][i];
  }
}
```

10.2.7 更新

更新 update( ) では、注目するセルの値を変数 target に代入し、周囲のセルの値の合計を neighbor に代入します。[i][j] が注目するセルを示し、その周囲の8つのセルは**図10-8**のように並んでいます。rule[target][neighbor] としてルールを書いた表を参照すると、次の時刻にそのセルの状態がどう変化するかがわかります。これをいったん temp[i][j] に代入します。すべてのセルの計算が終わったら temp[i][j] を cell[i][j] にコピーして更新が完了します。

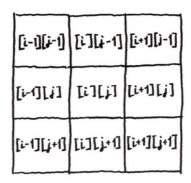

図10-8　注目するセルと8近傍セルの番号

```
〈コード〉
void update() {
  int target, neighbor;
  for (int i=1; i<=n; i++) {
    for (int j=1; j<=n; j++) {
      target = cell[i][j];
      neighbor = cell[i-1][j-1]+cell[i][j-1]+cell[i+1][j-1]+
                 cell[i-1][j]                +cell[i+1][j]+
                 cell[i-1][j+1]+cell[i][j+1]+cell[i+1][j+1];
      temp[i][j] = rule[target][neighbor];
    }
  }
```

```
  for (int i=1; i<=n; i++) {
    for (int j=1; j<=n; j++) {
      cell[i][j] = temp[i][j];
    }
  }
}
```

10.2.8　クリックで任意のセルを1とする

図10-9の例では、mouseXは11でmouseYは22です。これらをd=10で割って1を加えると、iとjはそれぞれ2と3となって、cell[2][3]がクリックされたことがわかります。

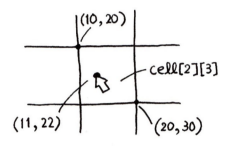

図10-9　クリックした位置とセルの番号

```
void mousePressed() {
  int i = mouseX/d+1;
  int j = mouseY/d+1;
  if (cell[i][j] == 0) {
    cell[i][j] = 1;
  } else {
    cell[i][j] = 0;
  }
  display();
}
```

10.2.9 画像の保存

keyPressed() はライフゲームに影響しません。キーが押されてそれが「s」のとき、png 形式の画像を保存します。ファイル名は "Life_####.png" で、#### の部分にはその瞬間のフレーム番号が挿入されます。

```
void keyPressed() {
  if (key == 's') {
    saveFrame("Life_####.png");
  }
}
```

10.2.10 プログラムコード

完成したプログラムコードの全体は次のようになります。プログラムを実行して、マウスでいくつかのセルをクリックし、初期設定をしてください。初期状態が決まったら、キーボードの「e」を押します（押している間、プログラムが実行されます）。数ステップですべてが死滅してしまうものもたくさんあるかもしれませんが、簡単な周期で繰り返すもの、複雑に変化するもの、移動するものなど、興味深い動きに驚くこともあるでしょう。

図10-10 に示す初期状態も試してみてください。その他にもたくさんの興味深いパターンが紹介されていますから、調べてみることをお勧めします。

```
/* Life Game */

int n = 80, d = 10;                   /* number of cells, size */
int[][] cell = new int[n+2][n+2];     /* cell space */
int[][] temp = new int[n+2][n+2];     /* temporary cell space */
int[][] rule = {{0,0,0,1,0,0,0,0,0}, {0,0,1,1,0,0,0,0,0}};
                                      /* rule table */

void setup() {
  size(800,800);
  frameRate(30);
  init();
  display();
}

void draw() {
  if (keyPressed) {
    if (key == 'e') {
```

```
      boundary();
      update();
      display();
    }
  }
}

void init() {
  for (int i=0; i<=n+1; i++) {
    for (int j=0; j<=n+1; j++) {
      cell[i][j] = 0;
    }
  }
}

void display() {
  for (int i=1; i<=n; i++) {
    for (int j=1; j<=n; j++) {
      if (cell[i][j] == 1) {
        fill(0);
      } else {
        fill(255);
      }
      rect((i-1)*d, (j-1)*d, d, d);
    }
  }
}

void boundary() {
  for (int i=1; i<=n; i++) {
    cell[i][0]   = cell[i][n];
    cell[i][n+1] = cell[i][1];
    cell[0][i]   = cell[n][i];
    cell[n+1][i] = cell[1][i];
  }
}

void update() {
  int target, neighbor;
  for (int i=1; i<=n; i++) {
    for (int j=1; j<=n; j++) {
      target = cell[i][j];
      neighbor = cell[i-1][j-1]+cell[i][j-1]+cell[i+1][j-1]+
                 cell[i-1][j]                +cell[i+1][j]+
                 cell[i-1][j+1]+cell[i][j+1]+cell[i+1][j+1];
      temp[i][j] = rule[target][neighbor];
    }
```

```
      }
      for (int i=1; i<=n; i++) {
        for (int j=1; j<=n; j++) {
          cell[i][j] = temp[i][j];
        }
      }
    }

    void mousePressed() {
      int i = mouseX/d+1;
      int j = mouseY/d+1;
      if (cell[i][j] == 0) {
        cell[i][j] = 1;
      } else {
        cell[i][j] = 0;
      }
      display();
    }

    void keyPressed() {
      if (key == 's') {
        saveFrame("Life_####.png");
      }
    }
```

《 やってみよう 》

初期パターンを図10-10のように設定して、その後の変化を試しましょう。

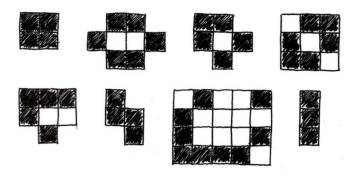

図10-10　さまざまな初期パターン

Chapter 10

ライフゲーム──相互作用の作り出すパターン

Chapter 11

動物の表皮の模様は どのように生まれるのか？

──チューリングの反応拡散方程式

　トラやヒョウ、シマウマやキリンを動物園などで見たことがあるでしょう。これらの動物には表皮に独特な模様があって、その模様で見分けることができる場合も多いですね。トラやシマウマには縞模様、ヒョウには斑点、キリンにはジグソーパズルのような模様があります。魚にも色々な模様があって、たとえばフグには斑点のあるものが多く、タイなどには縞模様、サバには「く」の字のような独特な模様があります。

　このような模様はどうやって描かれるのでしょうか。この模様についてチューリングは「化学反応の組み合わせが波を発生させ、それが模様のもとになる。」という仮説をたて、チューリングの反応拡散理論を導き出しました（1952）。この章では、この理論をもとに模様の浮かび上がる様子をシミュレーションしてみましょう。

フグの表皮
(Daiju Azuma, CC BY-SA 4.0, via Wikimedia Commons)

11.1　一次元モデルから始める

　この理論では、「活性因子」と呼ばれる物質と「抑制因子」と呼ばれる物質の化学反応を微分方程式でモデル化します。活性因子の濃度を記号 u で、抑制因子の濃度を v で表して、二次元空間におけるそれぞれの濃度分布の時間的変化を観察することを考えたのです。u も v も動物の表皮のような広がりを持った空間に分布し、時間的にも変化します。ですから u も v も空間座標 x、y と時間 t の関数であって、$u(x, y, t)$、$v(x, y, t)$ と書くことができます。

　まず、簡単にするために一次元空間を考えることにして、$u(x,t)$、$v(x,t)$ で表される現象を［式11.1］に示す「反応拡散方程式」と呼ばれる微分方程式によって調べてみましょう。

［式11.1］
$$\frac{\partial u}{\partial t} = D_u \Delta u + f(u,v)$$
$$\frac{\partial v}{\partial t} = D_v \Delta v + g(u,v)$$

　ここで Δ は「ラプラス演算子」と呼ばれ、一次元の場合には次のような二階の空間微分を意味します。∂ は偏微分の記号で、ラウンドディーまたは単にディーと読みます。

［式11.2］
$$\Delta u = \frac{\partial^2 u}{\partial x^2}$$
$$\Delta v = \frac{\partial^2 v}{\partial x^2}$$

　また、D_u、D_v は「拡散係数」と呼ばれ、右辺の第1項はそれぞれ u の拡散、v の拡散を意味します。また、$f(u,v)$ と $g(u,v)$ は、u と v の化学反応を意味します。したがって、反応拡散方程式は、これらの項の和が左辺 $\partial u/\partial t$、$\partial v/\partial t$ で表される濃度変化の速さに等しいことを示しています。これまでの研究で $f(u,v)$、$g(u,v)$ は色々なケースが発表されていますが、ここでは「Gierer-Meinhardt モデル」と呼ばれる次の関数を試してみましょう。

[式11.3]
$$f(u,v) = a - bu + c\frac{u^2}{(v+0.001)(1+du^2)}$$
$$g(u,v) = e(u^2 - v)$$

D_u、D_v、a、b、c、d、e は定数で、ここでは各々 0.05、2.0、0.001、0.015、0.01、0.5、0.01 を採用します。

11.2 差分法を使って近似する

$u(x,t)$ と $v(x,t)$ は本当は連続な関数ですが、そのままでは解析が難しいので、**図11-2**に示すように空間を等間隔 h で分割し、その分割点の一つひとつに注目します。時間についても、**図11-3**のように dt という経過時間で離散的に扱います。したがって、$u(x,t)$ と書く代わりに、点 i における時刻 t のときの値を $u_{i,t}$ と書くことにします。v についても同様に $v_{i,t}$ とします。このような離散化により、時間微分は［式11.4］のように差分近似できます。連続的な関数をこのように扱うことを「離散化」と言いますが、このように扱うことでコンピュータによる解析が可能となるのです。

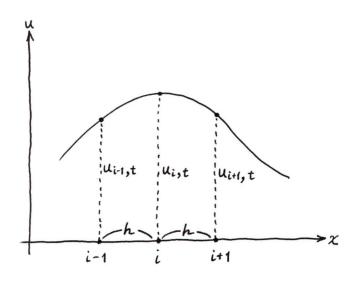

図11-2　空間の離散化

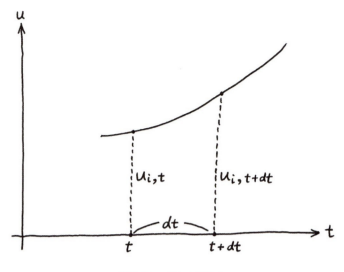

図11-3　時間の離散化

[式11.4] $$\frac{\partial u}{\partial t} \approx \frac{u_{i,t+dt} - u_{i,t}}{dt}, \quad \frac{\partial v}{\partial t} \approx \frac{v_{i,t+dt} - v_{i,t}}{dt}$$

　［式11.1］の左辺にある時間微分の計算を、［式11.4］に示す差分近似で置き換えて整理すると、時刻が t の時にわかっている値だけを使って dt だけ時間が経過した後の状態を計算する次の方程式を得ることができます。

[式11.5] $$u_{i,t+dt} = u_{i,t} + \{D_u \Delta u + f(u,v)\}dt$$
$$v_{i,t+dt} = v_{i,t} + \{D_v \Delta v + g(u,v)\}dt$$

　［式11.5］のラプラス演算子による空間微分の項も次のように近似的に計算できますから、時間と空間の離散化によってシミュレーションが可能となります。

[式11.6] $$\Delta u \approx \frac{u_{i+1,t} - 2u_{i,t} + u_{i-1,t}}{h^2}$$
$$\Delta v \approx \frac{v_{i+1,t} - 2v_{i,t} + v_{i-1,t}}{h^2}$$

11.3 コーディングする

変数を決めて、それらの値を設定することから始めます。活性因子 u と抑制因子 v は空間的に分布し、**図11-2**のように順に並んだ値ですから配列とします。離散点の数、経過時間、空間の間隔、拡散係数、[式11.3] のいくつかの定数をグローバル変数として初めに設定します。setup( ) ではウィンドウの大きさを決めて、活性因子 u[i] と抑制因子 v[i] の初期化を行います。状態の変化は棒グラフでウィンドウに表示することにしましょう。領域外に設けた仮想の点については境界条件を使って計算します。活性因子 u[i] と抑制因子 v[i] の計算には、[式11.3] [式11.5] [式11.6] を使います。

11.3.1 変数の準備と初期化

離散化のために領域を分割して、200 個の離散点を作ることにしましょう。離散点の数は n に保存します。時刻 t における離散化された活性因子と抑制因子の値を float 型の配列 u[ ]、v[ ] に保存し、dt だけ時間が経過したときの値を u1[ ]、v1[ ] に保存します。要素数は領域外に 2 点が必要となるため n+2 とします。m は u[ ] と v[ ] を棒グラフで表示するときの棒の太さ（幅）です。h は空間を離散化する間隔です。また、h2 はその二乗です。Du と Dv は [式11.1] の拡散係数、a、b、c、d、e は [式11.3] の記号と同じです。

```
int n = 200, m = 4;
float[] u = new float[n+2];
float[] v = new float[n+2];
float[] u1 = new float[n+2];
float[] v1 = new float[n+2];
float dt;
float h,h2;
float a,b,c,d,e,Du,Dv;
```

setup( ) ではウィンドウのサイズを決めます。横幅は棒グラフの幅 m と離散点の数 n の積で 800 です。高さは 400 としましょう。次に、すべての変数に値を代入します。さらに、u[i]、v[i] を初期化するプログラム inituv( ) を呼び出します。inituv( ) は u[i]、v[i] にランダムな初期値を設定する関数で、0.5 を中心に最大 0.05 のゆらぎを与えています。

```
void setup() {
  size(800,400);
  dt = 0.2;
  h = 1.0;
  h2 = h*h;
  a = 0.001;
  b = 0.015;
  c = 0.01;
  d = 0.5;
  e = 0.01;
  Du = 0.05;
  Dv = 2.0;
  inituv();
}

void inituv() {
  for (int i=1; i<=n; i++) {
    u[i] = 0.5+random(0.05);
    v[i] = 0.5+random(0.05);
  }
}
```

11.3.2 状態を棒グラフで表示する

u[i] と v[i] の分布を棒グラフで表示します。これを display() という名前の関数とすると、長方形を描く関数 rect() を使って次のように書くことができます。u[i] と v[i] をそれぞれ赤と緑の半透明で表示します。

```
void display() {
  for (int i=1; i<=n; i++) {
    fill(255,0,0,50);
    rect((i-1)*m,400-u[i]*250,m,u[i]*250);
    fill(0,255,0,50);
    rect((i-1)*m,400-v[i]*250,m,v[i]*250);
  }
}
```

draw() を追加して上述の display() を実行すると、**図11-4** のようなゆらぎのある初期状態が描かれるでしょう。

```
void draw() {
  background(255);
```

```
    display();
}
```

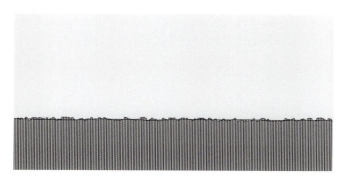

図11-4　ゆらぎのある初期分布

11.3.3　境界処理

　領域の左と右の端を境界と呼びます。この境界で差分近似を計算する場合に、領域外の点におけるuとvの値が必要となります。これらは、仮想の点です。ここでは、境界で微分係数が0となる、すなわち傾きが0となることを想定して、以下のように境界処理のプログラムを書くことにしましょう。隣り合う二点で値が等しいなら差が0となって、傾きも0となるからです。

```
void boundary() {
  u[0]   = u[1];
  u[n+1] = u[n];
  v[0]   = v[1];
  v[n+1] = v[n];
}
```

11.3.4　状態の更新

　最後に、[式11.3][式11.5][式11.6]を使ってu[i]とv[i]の時間的変化を更新していく関数update()を書きましょう。プログラムは以下のようになります。1つ目のforループは一時的に新しいu1[i]、v1[i]の値を計算する部分、2つ目のforループは新旧の更新をする部分です。

```
void update() {
```

```
  for (int i=1; i<=n; i++) {
    float cu = (u[i+1]+u[i-1]-2*u[i])/h2;
    float cv = (v[i+1]+v[i-1]-2*v[i])/h2;
    float f = a-b*u[i]+c*sq(u[i])/(v[i]+0.001)/(1+d*sq(u[i]));
    float g = e*(sq(u[i])-v[i]);
    u1[i] = u[i]+(Du*cu+f)*dt;
    v1[i] = v[i]+(Dv*cv+g)*dt;
  }
  for (int i=1; i<=n; i++) {
    u[i] = u1[i];
    v[i] = v1[i];
  }
}
```

draw()にboundary()とupdate()を次のように書き加えれば完成です。プログラムを実行すると、状態は刻々と変化し、その結果、図11-5に示されるように周期的な分布となるでしょう。

```
void draw() {
  background(255);
  display();
  boundary();
  update();
}
```

画像を保存するための仕組みも追加しておきましょう。キーボードのsが押されるとその瞬間の画像がPNG形式で保存されるように次のプログラムを追加します。

```
void keyPressed() {
  if (key == 's') {
    saveFrame("TruringPattern_####.png");
  }
}
```

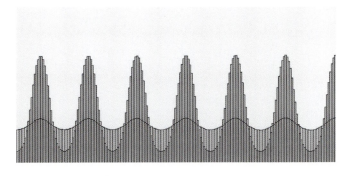

図11-5　分布を表す棒グラフ

11.3.5 プログラムコード

完成したプログラムコードの全体は次のようになります。

```
/* TuringPattern */

int n = 200, m = 4;                 /* number of cells, size */
float[] u = new float[n+2];         /* activator */
float[] v = new float[n+2];         /* inhibitor */
float[] u1 = new float[n+2];
float[] v1 = new float[n+2];
float dt;                            /* time increment */
float h,h2;                          /* cell size, square */
float a,b,c,d,e,Du,Dv;              /* coefficients */

void setup() {
  size(800,400);
  dt = 0.2;
  h = 1.0;
  h2 = h*h;
  a = 0.001;
  b = 0.015;
  c = 0.01;
  d = 0.5;
  e = 0.01;
  Du = 0.05;
  Dv = 2.0;
  inituv();
}

void draw() {
```

```
  /* drawing */
  background(255);
  display();
  
  /* update */
  boundary();
  update();
}

void inituv() {
  for (int i=1; i<=n; i++) {
    u[i] = 0.5+random(0.05);
    v[i] = 0.5+random(0.05);
  }
}

void display() {
  for (int i=1; i<=n; i++) {
    fill(255,0,0,50);
    rect((i-1)*m,400-u[i]*250,m,u[i]*250);
    fill(0,255,0,50);
    rect((i-1)*m,400-v[i]*250,m,v[i]*250);
  }
}

void boundary() {
  u[0] = u[1];
  u[n+1] = u[n];
  v[0] = v[1];
  v[n+1] = v[n];
}

void update() {
  for (int i=1; i<=n; i++) {
    float cu = (u[i+1]+u[i-1]-2*u[i])/h2;
    float cv = (v[i+1]+v[i-1]-2*v[i])/h2;
    float f = a-b*u[i]+c*sq(u[i])/(v[i]+0.001)/(1+d*sq(u[i]));
    float g = e*(sq(u[i])-v[i]);
    u1[i] = u[i]+(Du*cu+f)*dt;
    v1[i] = v[i]+(Dv*cv+g)*dt;
  }
  for (int i=1; i<=n; i++) {
    u[i] = u1[i];
    v[i] = v1[i];
  }
}
```

```
void keyPressed() {
  if (key == 's') {
    saveFrame("TruringPattern_####.png");
  }
}
```

11.4 二次元モデルに拡張する

　二次元の場合にも、活性因子と抑制因子の濃度をそれぞれ u と v とします。座標 x と y の関数であり時間の関数でもあるので、$u(x,y,t)$ と $v(x,y,t)$ 書きます。空間が x 方向にも y 方向にも広がっていて時間と共に変化するのです。シミュレーションの基礎となる反応拡散方程式は［式11.1］と同じですが、ラプラス演算子の意味は次のように変化します。

［式11.7］
$$\Delta u = \frac{\partial^2 u}{\partial x^2} + \frac{\partial^2 u}{\partial y^2}, \qquad \Delta v = \frac{\partial^2 v}{\partial x^2} + \frac{\partial^2 v}{\partial y^2}$$

　この Δu と Δv は次のように近似的に計算できます。

［式11.8］
$$\Delta u \approx \frac{u_{i+1,j} + u_{i,j+1} + u_{i-1,j} + u_{i,j-1} - 4u_{i,j}}{h^2}$$
$$\Delta v \approx \frac{v_{i+1,j} + v_{i,j+1} + v_{i-1,j} + v_{i,j-1} - 4v_{i,j}}{h^2}$$

　反応を意味する $f(u,v)$、$G(u,v)$ を具体的に

［式11.9］
$$f(u,v) = -uv^2 + a(1-u)$$
$$g(u,v) = uv^2 - bv$$

としましょう。a、b は定数で、プログラムコードの中では適当な値をいろいろ試してみます。

11.5 二次元モデルをコーディングする

一次元の場合と基本的には同じですが、今度は5つの関数によって構成しましょう。inituv()、display()、boundary()、update()、keyPressed() です。

11.5.1 変数の準備

二次元の空間は正方形のセルで分割され、その数は縦横ともにnとします。nには100を設定します。また、一つひとつのセルの表示サイズは縦横ともにdとし、8（ピクセル）を設定します。

```
int n = 100, d = 8;
```

プログラムでも活性因子を変数 u としましょう。小数部のある float 型の配列です。また、周囲に仮想のセルが必要ですから、(n+2)×(n+2) 個だけ用意しなければなりません。抑制因子 v についても同様です。

```
float[][] u = new float[n+2][n+2];
float[][] v = new float[n+2][n+2];
```

これらに現在の状態を保存するなら、次の時刻における状態を一時的に保存するにも同じような配列を用意する必要があります。これらを u1、v1 としましょう。

```
float[][] u1 = new float[n+2][n+2];
float[][] v1 = new float[n+2][n+2];
```

経過時間 dt、セルの間隔 h、反応の式にある a、b、拡散項にある Du、Dv もそれぞれ float 型の変数 dt、h、a、b、Du、Dv とします。

```
float dt;
float h,h2;
float a,b,Du,Dv;
```

11.5.2 setup()

setup()ではウィンドウのサイズを800×800に決め、変数に値を設定します。また、初期化のプログラムinituv()を呼び出します。

```
void setup(){
  size(800,800);
  dt = 0.5;
  h = 0.1;
  h2 = h*h;
  a = 0.02;
  b = 0.078;
  Du = 0.002;
  Dv = 0.001;
  inituv();
}
```

11.5.3 draw()

draw()では、表示するdisplay()、境界処理を行うboundary()、時刻を次のステップへ進めて状態を更新するプログラムupdate()を呼び出します。

```
void draw(){
  display();
  boundary();
  update();
}
```

11.5.4 初期化

inituv()は、u[i][j]の値をすべて1に、v[i][j]の値をすべて0に設定します。この場合には、[式11.7]または[式11.8]からわかるように$\Delta u = \Delta v = 0$となります。また、[式11.9]からわかるように$f(u,v)=g(u,v)=0$となります。すると、濃度変化の速度$\partial u/\partial t$も$\partial v/\partial t$も[式11.1]からわかるように0となりますから、状態に変化が生じないということになります。inituv()の前半にある二重ループは、この特別な状態に設定するための部分です。後半は、ランダムに一点を決めて、そこから半径6の円に入る部分のu[i][j]とv[i][j]にランダムな揺らぎを発生させる部分です。

```
void inituv(){
  for (int i=1; i<=n; i++){
    for (int j=1; j<=n; j++){
      u[i][j] = 1;
      v[i][j] = 0;
    }
  }
  int x = int(random(1,100));
  int y = int(random(1,100));
  for (int i=1; i<=n; i++){
    for (int j=1; j<=n; j++){
      float r = sqrt((x-i)*(x-i)+(y-j)*(y-j));
      if (r < 6){
        u[i][j] = 0.6+random(-0.06,0.06);
        v[i][j] = 0.3+random(-0.03,0.03);
      }
    }
  }
}
```

11.5.5　表示する

　display()は、セルの状態u[i][j]を色の濃度に換算して正方形のセルを描くための関数です。uの値を255倍して赤の成分の濃度を計算し、辺の長さがdの正方形を描きます。

```
void display(){
  for (int i=1; i<=n; i++){
    for (int j=1; j<=n; j++){
      fill(u[i][j]*255,0,0);
      rect((i-1)*d,(j-1)*d,d,d);
    }
  }
}
```

11.5.6　境界処理

　boundary()は、領域の周辺でも［式11.8］の計算ができるように境界処理をする関数です。ライフゲームを扱ったChapter 10で考えたように周期境界条件を設定します。u[i][j]とv[i][j]に対して、上下がつながった、また左右もつながった円筒のような状態を考えます。

```
void boundary(){
  for (int i=1; i<=n; i++){
    u[i][0]   = u[i][n];
    u[i][n+1] = u[i][1];
    u[0][i]   = u[n][i];
    u[n+1][i] = u[1][i];
    v[i][0]   = v[i][n];
    v[i][n+1] = v[i][1];
    v[0][i]   = v[n][i];
    v[n+1][i] = v[1][i];
  }
}
```

11.5.7 更新

update() は、今現在の u[i][j]、v[i][j] の値をもとにして、次の時刻の値 u1[i][j]、v1[i][j] を計算します。

```
void update(){
  for (int i=1; i<=n; i++) {
    for (int j=1; j<=n; j++) {
      float cu = (u[i+1][j]+u[i][j+1]+u[i-1][j]+u[i][j-1]-4*u[i][j])/h2;
      float cv = (v[i+1][j]+v[i][j+1]+v[i-1][j]+v[i][j-1]-4*v[i][j])/h2;
      float f = -u[i][j]*sq(v[i][j])+a*(1-u[i][j]);
      float g = u[i][j]*sq(v[i][j])-b*v[i][j];
      u1[i][j] = u[i][j]+(Du*cu+f)*dt;
      v1[i][j] = v[i][j]+(Dv*cv+g)*dt;
    }
  }
  for (int i=1; i<=n; i++) {
    for (int j=1; j<=n; j++) {
      u[i][j] = u1[i][j];
      v[i][j] = v1[i][j];
    }
  }
}
```

すべてのセルに対して u1[i][j]、v1[i][j] が計算できたら、これらを u[i][j]、v[i][j] にコピーします。このような手順を繰り返すことによって、次々と u[i][j]、v[i][j] の変化を計算していくことが可能となります。

11.5.8 キーボード

keyPressed() は、キーボードのキーが押されたときにだけ動作します。そのキーが「s」のとき、saveFrame() によって、画面に描かれたその瞬間の画像がファイルに保存されるように if ブロックを使ってプログラムします。この例で"Turing2D_####.png" は、保存される画像ファイルの名前です。#### の部分にはその瞬間のフレーム番号が挿入されます。

```
void keyPressed(){
  if(key == 's'){
    saveFrame("Turing2D_####.png");
  }
}
```

11.5.9 プログラムコード

完成したプログラムコードの全体は次のようになります。

```
/* Turing Pattern 2D */

int n = 100, d = 8;                /* number of cells, size */
float[][] u = new float[n+2][n+2]; /* activator */
float[][] v = new float[n+2][n+2]; /* inhibitor */
float[][] u1 = new float[n+2][n+2]; /* next step activator */
float[][] v1 = new float[n+2][n+2]; /* next step inhibitor */
float dt;                          /* time increment */
float h,h2;                        /* cell size, square */
float a,b,Du,Dv;                   /* coefficients */

void setup(){
  size(800,800);
  frameRate(600);
  noStroke();
  dt = 0.5;
  h = 0.1;
  h2 = h*h;
  a = 0.02;
  b = 0.078;
  Du = 0.002;
  Dv = 0.001;
  inituv();
}
```

```
void draw(){
  /* drawing */
  display();

  /* update */
  boundary();
  update();
}

void inituv(){
  for (int i=1; i<=n; i++){
    for (int j=1; j<=n; j++){
      u[i][j] = 1;
      v[i][j] = 0;
    }
  }
  int x = int(random(1,100));
  int y = int(random(1,100));
  for (int i=1; i<=n; i++){
    for (int j=1; j<=n; j++){
      float r = sqrt((x-i)*(x-i)+(y-j)*(y-j));
      if (r < 6){
        u[i][j] = 0.6+random(-0.06,0.06);
        v[i][j] = 0.3+random(-0.03,0.03);
      }
    }
  }
}

void display(){
  for (int i=1; i<=n; i++){
    for (int j=1; j<=n; j++){
      fill(u[i][j]*255);
      rect((i-1)*d,(j-1)*d,d,d);
    }
  }
}

void boundary(){
  for (int i=1; i<=n; i++){
    u[i][0] = u[i][n];
    u[i][n+1] = u[i][1];
    u[0][i] = u[n][i];
    u[n+1][i] = u[1][i];
    v[i][0] = v[i][n];
    v[i][n+1] = v[i][1];
    v[0][i] = v[n][i];
```

```
      v[n+1][i] = v[1][i];
    }
  }
}

void update(){
  for (int i=1; i<=n; i++) {
    for (int j=1; j<=n; j++) {
      float cu = (u[i+1][j]+u[i][j+1]+u[i-1][j]+u[i][j-1]-4*u[i][j])/h2;
      float cv = (v[i+1][j]+v[i][j+1]+v[i-1][j]+v[i][j-1]-4*v[i][j])/h2;
      float f = -u[i][j]*sq(v[i][j])+a*(1-u[i][j]);
      float g = u[i][j]*sq(v[i][j])-b*v[i][j];
      u1[i][j] = u[i][j]+(Du*cu+f)*dt;
      v1[i][j] = v[i][j]+(Dv*cv+g)*dt;
    }
  }
  for (int i=1; i<=n; i++) {
    for (int j=1; j<=n; j++) {
      u[i][j] = u1[i][j];
      v[i][j] = v1[i][j];
    }
  }
}

void keyPressed(){
  if(key == 's'){
    saveFrame("Turing2D_####.png");
  }
}
```

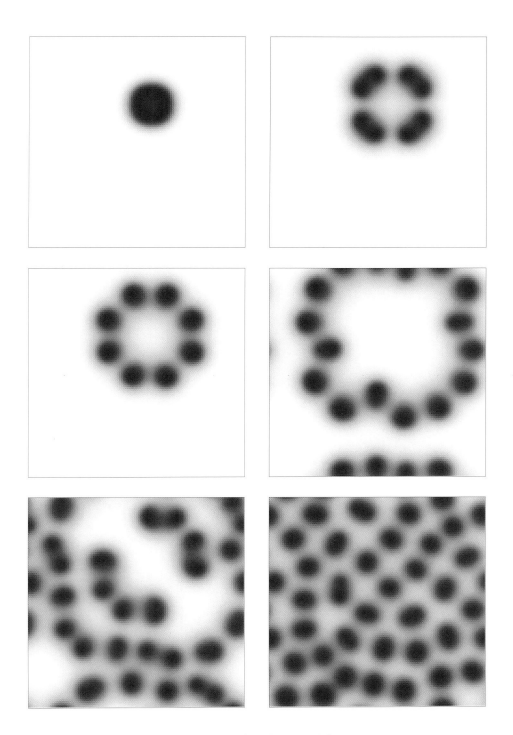

図11-6 二次元パターンの変化

図11-6は、dt=0.5、h=0.1、a=0.02、b=0.078、Du=0.002、Dv=0.001 の場合に現れるパターンの変化する様子です。これらの値をいろいろ変えて試してみましょう。

やってみよう

二次元のプログラムで定数 a、b、Du、Dv をいろいろ試してみましょう。たとえば、dt=0.5、h=0.1、a=0.024、b=0.078、Du=0.002、Dv=0.0008 はどうでしょう。

Chapter 12

火災はどこまで広がるか？

──森林火災の複雑系モデル

　海外からのニュースなどで、大規模な森林火災を時折見かけるようになりました。一度火が付くと、懸命な消火活動の甲斐もなく何日も燃え続け、膨大な面積を焼き尽くすことがあるようです。貴重な森林資源を失うだけでなく、人家へ延焼する場合もあり、さらに生態系への影響も大きいと言われます。地球温暖化を促す要因のひとつとも見られています。日本では一般にそれほど深刻に受け止められていませんが、世界的には大きな問題となっています。

　小規模な森林火災が時々起こることが、大規模な森林火災を防ぐことにつながるとうい話もあります。被害を最小限に抑えるためには、どのように森林を管理したらいいのでしょうか。また、効果的な消火活動とはどのようなものでしょうか。森林火災の拡がりには、樹の生えている割合が大きな影響を与えることが予想できます。樹が1本も生えていなければ、すなわち0％なら火災は起こりませんし、100％なら全体に燃え広がるでしょう。その間ではどんなことが起こるのでしょうか。

　ここでは、森林火災の簡単なモデルを作ってシミュレーションを行い、森林管理や消火活動の手がかりを探りましょう。

12.1 モデルを作る

　森林の広がる領域を、格子で等間隔に分割されたセル空間と考えましょう。この空間には樹木の部分と空地の部分があります。**図12-1**では樹木は緑色で空地を白色で表現しています。平穏な日々が続けば森はこのまま保たれるでしょう。ある日ある箇所から火災が発生したとしましょう。**図12-2**では火災の発生した箇所をグレーで表現しています。火災は周辺に広がっていくでしょうか。それとも、その箇所だけが焼失して広がらないでしょうか。

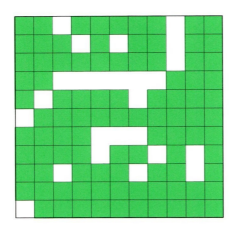

図12-1　平穏な森　　　　　　　図12-2　火災の発生

ここでは、次のようなシナリオを考えます。

1. 空地では発火は起こらない。
2. 樹は、隣接の樹が発火の状態にあるとき、発火の可能性が潜在的に高くなる。
3. 樹は、発火の状態にある樹が周辺に多く存在するとき、発火の可能性が急速に高くなる。
4. 樹は、発火の可能性がある限界を超えると発火する。
5. 発火の状態はある時間を経過すると終了する。

このシナリオを**表12.1**のように数値で表現してみました。

表12.1　森林火災のシナリオ

			近傍にある発火セルの合計数							
			0	1	2	3	4	5	6	7	8
注目セルの状態	空地	0	0	0	0	0	0	0	0	0	0
	樹木	1	1	2	2	2	2	3	3	3	3
	準備	2	2	3	3	4	4	5	5	5	5
		3	3	4	4	5	5	5	5	5	5
		4	4	5	5	5	5	5	5	5	5
	発火	5	6	6	6	6	6	6	6	6	6
		6	7	7	7	7	7	7	7	7	7
		7	8	8	8	8	8	8	8	8	8
		8	9	9	9	9	9	9	9	9	9
	木灰	9	9	9	9	9	9	9	9	9	9

　図12-3のように、森林空間のある1つのセルに注目し、その周囲の8つのセルを見てみましょう。この中心にあるセルを「注目セル」と呼びます。その周りの8つのセルを「近傍セル」と呼びます。**表12.1**で各行のいちばん左の値（縦の緑）は、注目セルの状態を表しています。0は空地、1は樹です。2〜4は発火の可能性がある言わば準備中の樹です。この可能性が高くなって4を超えると発火します。発火の状態には5〜8のレベルがあります。発火はこの状態を経過すると終了して灰となります。灰の状態が9です。各列には0〜8までの番号（横の緑）が付いています。これは近傍セルの内で発火の状態にあるセルの数です。空地の行を見てみましょう。空地であれば、近傍セルの状態にかかわらず常に空地であり続けます。したがって、空地の行は全部0となっています。樹木の行を見てみましょう。近傍に発火したセルがあるときには発火準備の状態となります。発火したセルが近傍に多ければ、より進んだ準備状態となります。たとえば、樹木の行で近傍に発火セルのない0のところは1、すなわち樹のままです。同じ行で、近傍に発火セルの数が1〜4のときは発火準備の状態2となります。準備状態が進んで4となると、次は発火へと遷移します。

たとえば、準備4の行を見てみましょう。発火セルが近傍になければ、準備状態のまま4ですが、近傍に発火セルがあるときには5、すなわち発火へと状態が遷移します。発火の状態は、近傍のセルの状態にかかわらず6→7→8→9と変化していきます。9は灰となった状態を表します。9はそのまま変化しません。一つひとつのシナリオは非常に単純ですが、セルとセルとの相互作用によって複雑なストーリーが生まれることがあるのです。

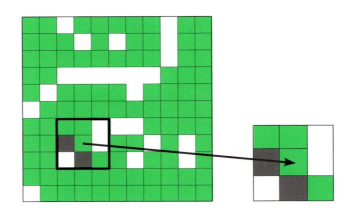

図12-3　注目セルと近傍セル

12.2 コーディングする

　変数を準備することから始めます。森林の状態を表す**図12-1**のようなセルを配列で表現しましょう。**表12.1**に示したシナリオも配列とします。森林の密度も重要なパラメータとなるでしょう。setup()でウィンドウのサイズを決め、森林を初期化し、その初期状態を表示します。draw()では、キーボードの「e」が押されると計算が行われ、状態が更新されて、変化が次々と表示されるようにします。初期化、表示、判定、カウント、更新などはそれぞれ関数としてまとめます。また、火元を設定する関数も作ります。

12.2.1 変数の準備

　森林を縦方向も横方向も200のセルで格子状に分割し、その一つひとつに樹木が生えているとします。ウィンドウに表示するとき、一辺が4ピクセルの正方形で描きます。変数nをセルの分割数として200を、また変数dをセルサイズとして4を設

定します。int型の二次元配列state[][]を森林の状態を表すセル空間とします。二次元配列temp[][]、burn[][]、sum[][]も同じ大きさに設定して、更新の過程で使います。どれも周囲に1つずつ仮想のセルが必要になりますのでサイズは[n+2][n+2]です。float型のdensityには1.0より小さい値を設定します。これは空間に占める樹木の割合です。たとえば0.5なら半分の面積に樹が生えることになります。表12.1のシナリオも二次元配列です。int型のscenarioとして、表の数値を1行ずつ代入しておきましょう。

```
int n = 200;
int d = 4;
int[][] state = new int[n+2][n+2];
int[][] temp  = new int[n+2][n+2];
int[][] burn  = new int[n+2][n+2];
int[][] sum   = new int[n+2][n+2];
float density = 0.399;
int[][] scenario =
  {{ 0, 0, 0, 0, 0, 0, 0, 0, 0},
   { 1, 2, 2, 2, 2, 3, 3, 3, 3},
   { 2, 3, 3, 4, 4, 5, 5, 5, 5},
   { 3, 4, 4, 5, 5, 5, 5, 5, 5},
   { 4, 5, 5, 5, 5, 5, 5, 5, 5},
   { 6, 6, 6, 6, 6, 6, 6, 6, 6},
   { 7, 7, 7, 7, 7, 7, 7, 7, 7},
   { 8, 8, 8, 8, 8, 8, 8, 8, 8},
   { 9, 9, 9, 9, 9, 9, 9, 9, 9},
   { 9, 9, 9, 9, 9, 9, 9, 9, 9}};
```

12.2.2 初期化と表示

setup()ではウィンドウのサイズを800×800とします。初期化するための関数init()を呼び出して、その状態をdisplay()で表示します。

```
void setup() {
  size(800,800);
  noStroke();
  init();
  display();
}
```

init()は、周囲にある仮想のセルを除くすべてのセルに0または1を代入します。1となる確率がdensityに等しくなるように1+density-random(1.0)を計算

して整数化します。この計算の仕組みについては**図12-4**を参照してください。たとえばdensityが0.5なら、足し算の結果は**図12-4**の1より左と右に二分の一の確率で別れます。int()で整数化すれば、左なら0に、右なら1になりますから、0と1がほぼ半々の割合で生成されます。densityが0.5より小さいなら0が多く生成されますが、densityが1.0に近くなると1が多くなります。この初期化によって、森林地帯は樹木があるか空地かのどちらかとなります。

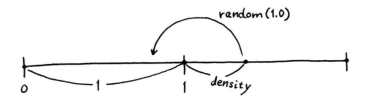

図12-4　1と0の出る確率を調整する

```
void init() {
  for (int i=1; i<=n; i++) {
    for (int j=1; j<=n; j++) {
      state[i][j] = int(1+density-random(1.0));
    }
  }
}
```

　display()は森林の状態を表示する関数です。セルの値が0なら空地で色は白、1ならRGBのGを強めにして緑、2と4の間ならRを強めにして少し暗い赤、5と8の間ならRを255にして赤、9なら灰色とします。色を決めたらrect()で正方形を描きます。

```
void display() {
  for (int i=1; i<=n; i++) {
    for (int j=1; j<=n; j++) {
      if (state[i][j] == 0) {
        fill(255);
      } else if (state[i][j]==1) {
        fill(10,200,80);
      } else if ((state[i][j]>=2) && (state[i][j]<=4)) {
        fill(250,140,90);
      } else if ((state[i][j]>=5) && (state[i][j]<=8)) {
```

```
      fill(255,0,0);
    } else if (state[i][j]==9) {
      fill(120);
    }
    rect((i-1)*4,(j-1)*4,4,4);
   }
  }
}
```

12.2.3　出火元の設定

マウスでセルをクリックすると、そのセルが5、すなわち発火の状態となるようにします。マウスの位置を示す値をセルのサイズdで割って1を加えると、二次元配列のどのセルなのかがわかります。セルが特定できたら、そこに5を代入します。

```
void mousePressed() {
  int i = mouseX/d+1;
  int j = mouseY/d+1;
  state[i][j] = 5;
  display();
}
```

12.2.4　判定

シナリオを使って状態を更新するには、周りに燃えている樹が何本あるかを知ることが必要です。このためにjudge()とcount()を使います。発火したセルだけに値1を入れておく配列として用意したのがburn[][]です。このburn[][]を使えば、周りに燃えている樹が何本あるかを数えるのに便利です。配列state[][]を1つずつ調べて5、6、7、8のどれかの状態となっていれば、burn[][]に1を代入します。

```
void judge() {
  for (int i=1; i<=n; i++) {
    for (int j=1; j<=n; j++) {
      if ((state[i][j]>=5) && (state[i][j]<=8)) {
        burn[i][j] = 1;
      }
    }
  }
}
```

12.2.5 カウント

周りに燃えている樹が何本あるかを数えるために用意したのが、sum[ ][ ] という配列です。count( )は、まずすべての要素を0として合計の準備をします。その後、すべての樹木について burn[ ][ ] の8近傍の値を合計します。森林の外周でもこの計算がエラーとならず実行できるように仮想のセルを用意しました。

```
void count() {
  for (int i=1; i<=n; i++) {
    for (int j=1; j<=n; j++) {
      sum[i][j] = 0;
    }
  }
  for (int i=1; i<=n; i++) {
    for (int j=1; j<=n; j++) {
      sum[i][j] = burn[i-1][j-1]+burn[i][j-1]+burn[i+1][j-1]+
        burn[i-1][j]+burn[i+1][j]+
        burn[i-1][j+1]+burn[i][j+1]+burn[i+1][j+1];
    }
  }
}
```

12.2.6 更新

ここまで準備ができたら、シナリオを参照して状態を更新するだけです。森林のすべてのセルを1つずつ調べます。現在の状態は state[ ][ ] を見ればわかります。周囲の8近傍に燃えている樹が何本あるかは sum[ ][ ] を見ればわかります。それぞれを k、l として scenario[k][l] を参照すれば、次の時刻における状態を決定することができます。この結果を一時的な配列 temp[ ][ ] に保存します。全部の更新が済んだら、temp[ ][ ] を state[ ][ ] にコピーすれば更新は完了です。

```
void update() {
  int k, l;
  for (int i=1; i<=n; i++) {
    for (int j=1; j<=n; j++) {
      k = state[i][j];
      l = sum[i][j];
      temp[i][j] = scenario[k][l];
    }
  }
  for (int i=1; i<=n; i++) {
```

```
      for (int j=1; j<=n; j++) {
        state[i][j] = temp[i][j];
      }
    }
  }
}
```

12.2.7 プログラムコード

完成したプログラムコードの全体は次のようになります。

```
/* Forest Fire */

int n = 200;                            /* number of cells */
int d = 4;                              /* cell size */
int[][] state = new int[n+2][n+2];      /* state of cell */
int[][] temp  = new int[n+2][n+2];      /* temporary cell */
int[][] burn  = new int[n+2][n+2];      /* burnt cell */
int[][] sum   = new int[n+2][n+2];      /* summation of burnt cells */
float density = 0.399;                  /* density of forest */
int[][] scenario =                      /* transition scenario*/
  {{ 0, 0, 0, 0, 0, 0, 0, 0, 0},
   { 1, 2, 2, 2, 2, 3, 3, 3, 3},
   { 2, 3, 3, 4, 4, 5, 5, 5, 5},
   { 3, 4, 4, 5, 5, 5, 5, 5, 5},
   { 4, 5, 5, 5, 5, 5, 5, 5, 5},
   { 6, 6, 6, 6, 6, 6, 6, 6, 6},
   { 7, 7, 7, 7, 7, 7, 7, 7, 7},
   { 8, 8, 8, 8, 8, 8, 8, 8, 8},
   { 9, 9, 9, 9, 9, 9, 9, 9, 9},
   { 9, 9, 9, 9, 9, 9, 9, 9, 9}};

void setup() {
  size(800,800);
  noStroke();
  init();
  display();
}

void draw() {
  if (keyPressed) {
    if (key == 'e') {
      judge();
      count();
      update();
      display();
```

```
    }
  }
}

void init() {
  for (int i=1; i<=n; i++) {
    for (int j=1; j<=n; j++) {
      state[i][j] = int(1+density-random(1.0));
    }
  }
}

void display() {
  for (int i=1; i<=n; i++) {
    for (int j=1; j<=n; j++) {
      if (state[i][j] == 0) {
        fill(255);
      } else if (state[i][j]==1) {
        fill(10,200,80);
      } else if ((state[i][j]>=2) && (state[i][j]<=4)) {
        fill(250,140,90);
      } else if ((state[i][j]>=5) && (state[i][j]<=8)) {
        fill(255,0,0);
      } else if (state[i][j]==9) {
        fill(120);
      }
      rect((i-1)*4,(j-1)*4,4,4);
    }
  }
}

void judge() {
  for (int i=1; i<=n; i++) {
    for (int j=1; j<=n; j++) {
      if ((state[i][j]>=5) && (state[i][j]<=8)) {
        burn[i][j] = 1;
      }
    }
  }
}

void count() {
  for (int i=1; i<=n; i++) {
    for (int j=1; j<=n; j++) {
      sum[i][j] = 0;
    }
  }
```

```
    for (int i=1; i<=n; i++) {
      for (int j=1; j<=n; j++) {
        sum[i][j] = burn[i-1][j-1]+burn[i][j-1]+burn[i+1][j-1]+
          burn[i-1][j]+burn[i+1][j]+
          burn[i-1][j+1]+burn[i][j+1]+burn[i+1][j+1];
      }
    }
}

void update() {
  int k, l;
  for (int i=1; i<=n; i++) {
    for (int j=1; j<=n; j++) {
      k = state[i][j];
      l = sum[i][j];
      temp[i][j] = scenario[k][l];
    }
  }
  for (int i=1; i<=n; i++) {
    for (int j=1; j<=n; j++) {
      state[i][j] = temp[i][j];
    }
  }
}

void mousePressed() {
  int i = mouseX/d+1;
  int j = mouseY/d+1;
  state[i][j] = 5;
  display();
}
```

　densityの値を決めてプログラムを実行します。マウスで火元を設定し、キーボードの「e」を押してシミュレーションを開始しましょう。キーボードから手を離すといったん停止します。**図12-5**はその一例です。

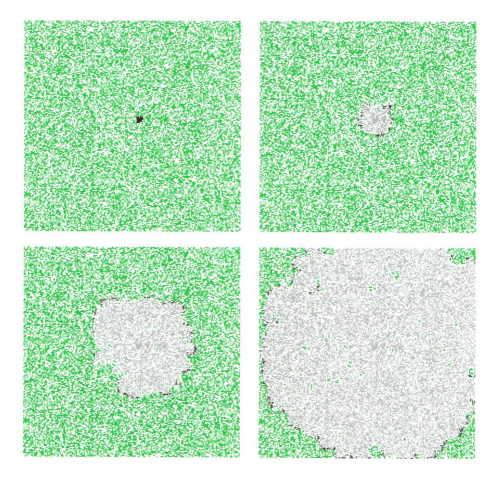

図12-5　火災の広がり

やってみよう

表12.1のシナリオを変更してみましょう。

Part 2 コンピュータシミュレーション

Chapter 13

鳥の群れ

──ボイドモデル

　「ボイド（boid）」と呼ばれるエージェント・モデルを紹介します。エージェントとは、コンピュータでシミュレーションを行うためのモデルの一種です。自律的に行動する個体をモデル化して「エージェント」と呼び、複数のエージェントのそれぞれが相互作用することによってその集団全体に何が起こるのかを観察することができます。ボイドもそのようなモデルの1つで、1987年にクレイグ・レイノルズによって作り出された鳥のモデルです。レイノルズの目的は、渡り鳥のように群れをなして飛ぶA-Life（Artificial Life：人工生命）を作ることでした。当初はbirdoid（鳥もどき）と呼んでいましたが、その後、boidが正式な名称となりました。

　一羽の鳥は、さまざまな情報と固有の振る舞いを持っています。ここでは、二次元空間を飛ぶ鳥を考えます。これからプログラムする鳥は、その位置を表す座標、飛ぶ速さ、飛ぶ方向を情報として持っています。そして、仲間との衝突を回避する、速度を合わせる、群れの中心に向かう等の振る舞いを見せます。リーダーを決めることなく、協調行動が生まれることを確かめましょう。

13.1 鳥の振る舞いを整理する

1）仲間との衝突を回避する

ボイドはそれぞれ、最も近くにいる仲間のボイドとの間で、最適なクルージング距離を保とうとし続けます。もし距離が近すぎるなら、そのボイドから離れる方向に進路を修正します。スピードは変化しないとします。

2）方向を合わせる

ボイドは、最も近くにいる仲間と平行に飛ぼうとします。これは、最も近くにいる仲間の方向ベクトルと自分の方向ベクトルを一致するように調整することで実行されます。この場合も、スピードは変化しないとします。

3）群れの中心に向かう

ボイドはそれぞれ、自分の周囲のどの方向にも必ず仲間がいる状態にしようとします。これを群れの中心に向かう行動としてモデル化します。

13.2 コーディングする

3つある鳥の振る舞いを1つずつ順にプログラムに追加して、その時の行動を観察しましょう。そして、3つの振る舞いが全部揃ったとき、集団としての行動が発現するのかどうか確かめましょう。

13.2.1 オブジェクトの作成

まず、鳥の基本形をオブジェクト指向プログラミングの手法で設計しましょう。このような基本形は「クラス」と呼ばれます。クラスの名前をBoidとして次のように書き、{}の中に鳥の基本的な情報と振る舞い、すなわち基本形を記述していきます。

```
class Boid {

}
```

クラスの最初の部分は、鳥の持つ情報を記述する部分です。鳥は、位置情報を持っています。飛んでいるなら、その速さと方向の情報があるはずです。色も情報に加えます。他の鳥と速度を合わせたり、群れの中心へ向かったりというような行動特性の強弱を示すパラメータも加えましょう。このような情報を、クラス中の「フィールド」と呼ばれる部分に記述します。

```
class Boid {
  float posx, posy;
  float v, dx, dy;
  color clr;
  float xc, yc, wc;
  float xa, ya, wa;
  float xs, ys, ws;
  float ocd;
  Boid pal;
  Boid[] group;
```

鳥の位置を示す座標は float 型の posx と posy、速さは v、方向は dx と dy とします。色は color 型の clr です。その他に行動特性を記述するための変数 xc 〜 ws と、最適クルージング距離 ocd、最も近くにいる鳥を特定するために Boid 型の pal と、群れ全体を参照するための Boid 型の配列 group を設定します。これら変数については以下の各項目で詳しく説明します。

13.2.2 コンストラクタ

「コンストラクタ」と呼ばれる部分を Boid クラスに追加します。上述の情報を具体的に設定する関数です。鳥が飛び立つ初めの位置 posx、posy と、行動特性の強弱を示す wc、wa、ws は、引数を使って設定できるようにしましょう。飛び始めの方向（角度）を決める変数 q は 0〜2π の範囲でランダムに設定し、**図13-1**のように三角関数を使って dx、dy を計算します。色を表す変数 clr には緑色を設定してみます。速さ v は 5、最適クルージング距離 ocd は 20 とします。群れの名称も引数を使って設定します。

```
    Boid(float x, float y, float c, float a, float s, Boid[] g) {
      posx = x;
```

```
    posy = y;
    wc = c;
    wa = a;
    ws = s;
    float q = random(0, 2*PI);
    dx = cos(q);
    dy = sin(q);
    clr = color(0, 255, 0);
    v = 5;
    ocd = 20;
    group = g;
}
```

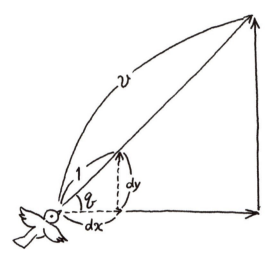

図13-1　鳥の速度

13.2.3　鳥の描画

　鳥の行動を記述するには、「メソッド」と呼ばれる仕組みを使います。まず鳥を表示するメソッド display() から始めましょう。図13-2 のような三角形を、鳥に見立てて描くことを考えます。尖った方が頭です。外形線は描かないとして noStroke() です。色は fill(clr) で設定します。続いて translate(posx,posy) で鳥の位置まで座標の原点を移動します。rotate() で鳥の目指す方向に回転して、traiangle() で三角形を描きます。回転角（ラジアン）は atan2() という関数を使って方向ベクトルから計算します。また、このような座標

の移動や回転は他の鳥を描くときに、その影響が及ばないようにpushMatrix()とpopMatrix()で挟んで遮断しておくことが必要です。

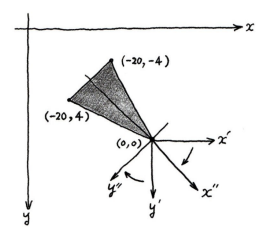

図13-2　鳥を三角形で描く

```
void display() {
  noStroke();
  fill(clr);
  pushMatrix();
  translate(posx, posy);
  rotate(atan2(dy, dx));
  triangle(0, 0, -20, 4, -20, -4);
  popMatrix();
}
```

13.2.4　移動

移動後の位置は、現在の位置に1フレームの間に進む距離を加えれば計算できます。座標posx、posyにdx*v、dy*vを加え、改めてposx、posyとします。

```
void move() {
  posx = posx+dx*v;
  posy = posy+dy*v;
}
```

ここまでを実行してみましょう。setup()とdraw()を追加して、ここまでを

整理すると次のようになります。グローバルな変数 N に 100 を代入して、鳥の数を百羽とします。Boid 型の変数 birds を new 演算子を使って 100 個の要素を持つ配列とします。birds[0] から birds[99] は Boid 型としての共通した特徴を持っていますが、それぞれ位置や目指す方向が異なっています。birds[0] から birds[99] のように、クラスの定義に従って具体的に生成されたオブジェクトを「インスタンス（実体）」と呼びます。

　setup() では800×800のウィンドウを設定し、コンストラクタを呼び出して百羽の鳥を初期化します。その際に、鳥の位置はウィンドウの範囲内でランダムに設定されます。また、残りの3つは仮に0.05、0.1、0.2としていますが、これについては後で説明します。

　draw() は background(255) から始めます。続いて、for ループを使って1羽ずつすべての鳥について display() と move() を実行します。ここで使った for ループのやり方は、birds という配列の要素を1つずつ取り出して a と呼び、その a に a.display() と a.move() を実行して、すべての鳥の表示と移動を行うというものです。

```
int N = 100;
Boid[] birds = new Boid[N];

void setup() {
  size(800, 800);
  for (int i=0; i<N; i++) {
    birds[i] = new Boid(random(width), random(height),
0.05, 0.1, 0.2, birds);
  }
}

void draw() {
  background(255);
  for (Boid a : birds) {
    a.display();
    a.move();
  }
}

class Boid {
  float posx, posy;
  float v, dx, dy;
  color clr;
  float xc, yc, wc;
```

```
  float xa, ya, wa;
  float xs, ys, ws;
  float ocd;
  Boid pal;
  Boid[] group;


  Boid(float x, float y, float c, float a, float s, Boid[] g) {
    posx = x;
    posy = y;
    wc = c;
    wa = a;
    ws = s;
    float q = random(0, 2*PI);
    dx = cos(q);
    dy = sin(q);
    clr = color(0, 255, 0);
    v = 5.0;
    ocd = 20;
    group = g;
  }

  void display() {
    noStroke();
    fill(clr);
    pushMatrix();
    translate(posx, posy);
    rotate(atan2(dy, dx));
    triangle(0, 0, -20, 4, -20, -4);
    popMatrix();
  }

  void move() {
    posx = posx+dx*v;
    posy = posy+dy*v;
  }
}
```

13.2.5 鳥カゴの中で方向転換

ここまでを実行すると、鳥はウィンドウの外に勝手に逃げていってしまいます。そこで、ウィンドウを大きな鳥カゴと見立てることにしましょう。鳥はカゴにぶつかると向きを反転するとしたいのです。そこで、class Boid{} に以下の turn というメソッドを追加します。

```
void turn() {
  if (posx>width || posx<0) {
    dx = -dx;
  }
  if (posy>height || posy<0) {
    dy = -dy;
  }
}
```

　x座標がウィンドウの幅widthを超えると、x方向の向きdxが逆向きになります。0より小さくなって左側から外に出そうになってもdxが逆向きになります。ifの()の中にある||は「または」を意味しています。y方向も同じように考えました。draw()の中のforループにはa.turn()を追加します。実行すると、たくさんの鳥がカゴの中を無秩序に飛び回ります。

```
for (Boid a : birds) {
  a.display();
  a.move();
  a.turn();
}
```

13.2.6　群れの中心に向かう習性

　鳥は仲間に囲まれて飛びたいという習性があるそうです。これを群れの中心に向かう行動としてモデル化しましょう。そのためには群れの中心を見つけておかなければなりません。群れの中心の座標をgX，gYとしてグローバル変数に追加します。また、この座標を計算するための関数gCenter()を次のように作ります。これはBoidクラスのメソッドではありません。gX、gYはすべての鳥に共通するデータだからです。draw()とclass Boid{}の間あたりの位置に書きましょう。gCenter()を呼び出すのはdraw()で、background()の次がいいでしょう。

図13-3　群れの中心

```
void gCenter() {
  gX = 0;
  gY = 0;
  for (Boid a : birds) {
    gX = gX+a.posx;
    gY = gY+a.posy;
  }
  gX = gX/N;
  gY = gY/N;
}
```

　gCenter()では、とりあえずgX=0、gY=0とします。鳥の群れbirdsから1羽ずつ取り出して、その座標を加えていきます。そうすると、すべての鳥のx座標とy座標をそれぞれ合計することができます。その後、鳥の数Nで割れば平均値を計算できます。これが群れの中心です。鳥は群れの中心へ方向を修正します。修正のためのベクトルは、**図13-4**の矢印で示されるベクトルです。この計算をclass Boid{}のメソッドとして次のように書きましょう。

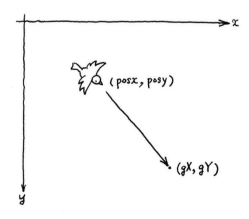

図13-4　群れの中心へ方向を修正する

```
void cohesion() {
  xc = gX-posx;
  yc = gY-posy;
  float a = sqrt(xc*xc+yc*yc);
  xc = xc/a;
  yc = yc/a;
}
```

メソッドの名前はcohesion()としました。中心の位置から鳥の位置の差を計算すると、**図13-4**の矢印で示されるベクトル成分を求めることができます。大きさ1のベクトルとしたいので、まずその長さを計算してaとします。各成分をaで割れば大きさ1のベクトル成分xc、ycを求めることができます。この修正ベクトルを使って方向ベクトルを更新しましょう。そのために、次のようなメソッドupdate()をclass Boid{}に追加します。

```
void update() {
  dx = dx+wc*xc;
  dy = dy+wc*yc;
  float a = sqrt(dx*dx+dy*dy);
  dx = dx/a;
  dy = dy/a;
}
```

群れの中心へ向かうベクトル(xc, yc)に重みwcをかけ、鳥の方向ベクトルに加えて方向を修正します。wcの値が大きいと大きな修正が加えられることになるでしょう。wcの値が小さければ修正もわずかです。コンストラクタで初期化する時に、このwcの値を0.05としてみたのです。

ここまでを整理すると次のようになります。draw()の中のforループにa.cohesion()が追加されたことに注意しましょう。実行すると、少しだけ生物の様相が現れてきたのがわかります。

```
int N = 100;
Boid[] birds = new Boid[N];
float gX, gY;

void setup() {
  size(800, 800);
  for (int i=0; i<N; i++) {
    birds[i] = new Boid(random(width), random(height),
0.05, 0.1, 0.2, birds);
```

```
    }
}

void draw() {
  background(255);
  gCenter();
  for (Boid a : birds) {
    a.display();
    a.move();
    a.turn();
    a.cohesion();
    a.update();
  }
}

void gCenter() {
  gX = 0;
  gY = 0;
  for (Boid a : birds) {
    gX = gX+a.posx;
    gY = gY+a.posy;
  }
  gX = gX/N;
  gY = gY/N;
}

class Boid {
  float posx, posy;
  float v, dx, dy;
  color clr;
  float xc, yc, wc;
  float xa, ya, wa;
  float xs, ys, ws;
  float ocd;
  Boid pal;
  Boid[] group;

  Boid(float x, float y, float c, float a, float s, Boid[] g) {
    posx = x;
    posy = y;
    wc = c;
    wa = a;
    ws = s;
    float q = random(0, 2*PI);
    dx = cos(q);
    dy = sin(q);
```

```
    clr = color(0, 255, 0);
    v = 5.0;
    ocd = 20;
    group = g;
  }

  void display() {
    noStroke();
    fill(clr);
    pushMatrix();
    translate(posx, posy);
    rotate(atan2(dy, dx));
    triangle(0, 0, -20, 4, -20, -4);
    popMatrix();
  }

  void move() {
    posx = posx+dx*v;
    posy = posy+dy*v;
  }

  void turn() {
    if (posx>width || posx<0) {
      dx = -dx;
    }
    if (posy>height || posy<0) {
      dy = -dy;
    }
  }

  void cohesion() {
    xc = gX-posx;
    yc = gY-posy;
    float a = sqrt(xc*xc+yc*yc);
    xc = xc/a;
    yc = yc/a;
  }

  void update() {
    dx = dx+wc*xc;
    dy = dy+wc*yc;
    float a = sqrt(dx*dx+dy*dy);
    dx = dx/a;
    dy = dy/a;
  }
}
```

13.2.7　近くにいる鳥に方向を合わせる習性

　近くにいる鳥に方向を合わせるという習性を追加します。鳥は自分自身の近くにいる鳥と飛ぶ方向を合わせようとします。近いといっても後ろは見えませんから、前方にいる近い鳥です。この習性をモデル化するには、まず前方にいる近い鳥を見つけなければなりません。そのために、次に示すsearch()というメソッドをclass Boid{}に追加します。

```
void search() {
  float d, dmin;
  pal = this;
  dmin = 99999;
  for (Boid b : group) {
    float sp = vx*(b.posx-posx)+vy*(b.posy-posy);
    if (sp>0) {
      d = dist(posx,posy,b.posx,b.posy);
      if (d<dmin) {
        pal = b;
        dmin = d;
      }
    }
  }
}
```

　距離を測るための変数dと最小距離を保存するための変数dminを準備します。近くにいる鳥を保存するための変数palには自分自身thisを仮に設定し、最小距離も比較的大きな値として仮に9999と設定します。ウィンドウの中では鳥と別の鳥との距離は9999よりは小さいはずですね。このような仮の設定をしたあとで、群れgroupの中の1羽ずつとの距離を調べます。前方にいる鳥だけを対象とするために、相手の鳥との間のベクトルと進む方向ベクトルの内積（スカラー積）spが正の時だけ距離を調べます。**図13-5**の例では、中央の鳥は**v**の方向へ進もうとしています。**v**と**a**、**v**と**b**の内積は正となりますが、**v**と**c**、**v**と**d**の内積は負となります。ですから前方にいるのは白色の2羽だけとわかります。距離dがそれまでの最小距離dminより小さければpalを更新し、またdminも更新します。これを繰り返すと、前方にいる鳥の中で最も近い鳥palを見つけることができるのです。

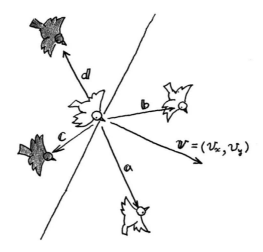

図13-5 近くにいる鳥

　近くにいる鳥が見つかったら、その鳥が飛ぶ方向に自分自身の方向を合わせるように進路を修正します。このためにメソッドalignment()を追加します。

```
void alignment() {
  if (pal != this) {
    xa = pal.dx;
    ya = pal.dy;
    float a = sqrt(xa*xa+ya*ya);
    xa = xa/a;
    ya = ya/a;
  }
}
```

　これは、palの方向ベクトルdx、dyをそのまま自分自身の修正ベクトルとするものです。大きさ１にすることは前項と同じです。こうして計算したxa、yaを使って方向を修正します。update()に次のように変更します。近くの鳥に方向を合わせるという特性の強弱を表現するために、重みwaを使います。コンストラクタで初期化する時に、このwaの値を0.1としてみたのです。

```
void update() {
  dx = dx+wc*xc+wa*xa;
  dy = dy+wc*yc+wa*ya;
  float a = sqrt(dx*dx+dy*dy);
```

```
      dx = dx/a;
      dy = dy/a;
  }
```

　draw()にはa.search()とa.alignment()を追加して、ここまでのプログラムは次のようになります。実行すると、だいぶ協調性が生まれてきているのがわかります。

```
int N = 100;
Boid[] birds = new Boid[N];
float gX, gY;

void setup() {
  size(800, 800);
  for (int i=0; i<N; i++) {
    birds[i] = new Boid(random(width), random(height),
0.05, 0.1, 0.2, birds);
  }
}

void draw() {
  background(255);
  gCenter();
  for (Boid a : birds) {
    a.display();
    a.move();
    a.turn();
    a.cohesion();
    a.search();
    a.alignment();
    a.update();
  }
}

void gCenter() {
  gX = 0;
  gY = 0;
  for (Boid a : birds) {
    gX = gX+a.posx;
    gY = gY+a.posy;
  }
  gX = gX/N;
  gY = gY/N;
}
```

```
class Boid {
  float posx, posy;
  float v, dx, dy;
  color clr;
  float xc, yc, wc;
  float xa, ya, wa;
  float xs, ys, ws;
  float ocd;
  Boid pal;
  Boid[] group;


  Boid(float x, float y, float c, float a, float s, Boid[] g) {
    posx = x;
    posy = y;
    wc = c;
    wa = a;
    ws = s;
    float q = random(0, 2*PI);
    dx = cos(q);
    dy = sin(q);
    clr = color(0, 255, 0);
    v = 5.0;
    ocd = 20;
    group = g;
  }

  void display() {
    noStroke();
    fill(clr);
    pushMatrix();
    translate(posx, posy);
    rotate(atan2(dy, dx));
    triangle(0, 0, -20, 4, -20, -4);
    popMatrix();
  }

  void move() {
    posx = posx+dx*v;
    posy = posy+dy*v;
  }

  void turn() {
    if (posx>width || posx<0) {
      dx = -dx;
    }
    if (posy>height || posy<0) {
```

```
      dy = -dy;
    }
  }

  void cohesion() {
    xc = gX-posx;
    yc = gY-posy;
    float a = sqrt(xc*xc+yc*yc);
    xc = xc/a;
    yc = yc/a;
  }

  void search() {
    float d, dmin;
    pal = this;
    dmin = 99999;
    for (Boid b : group) {
      float sp = dx*(b.posx-posx)+dy*(b.posy-posy);
      if (sp>0) {
        d = dist(posx,posy,b.posx,b.posy);
        if (d<dmin) {
          pal = b;
          dmin = d;
        }
      }
    }
  }

  void alignment() {
    if (pal != this) {
      xa = pal.dx;
      ya = pal.dy;
      float a = sqrt(xa*xa+ya*ya);
      xa = xa/a;
      ya = ya/a;
    }
  }

  void update() {
    dx = dx+wc*xc+wa*xa;
    dy = dy+wc*yc+wa*ya;
    float a = sqrt(dx*dx+dy*dy);
    dx = dx/a;
    dy = dy/a;
  }
}
```

13.2.8 衝突を回避する習性

　search()で見つけた前方の最も近くにいる鳥との距離がちょうど良い距離、つまり最適クルージング距離ocdより近くなってしまったら少し離れるという習性をモデル化しましょう。図13-6のように、離れる方向のベクトルsを計算して進路を修正します。このためにseparation()というメソッドを追加します。このメソッドでは、距離がocdより短くなっていたら、図の点線で示されるベクトルの反対向きのベクトルを計算し、さらに大きさを1に調整します。

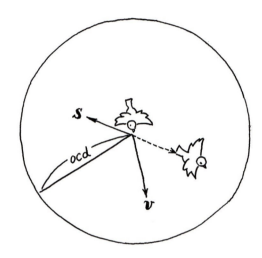

図13-6　最適クルージング距離

```
void separation() {
  xs = 0.0;
  ys = 0.0;
  if (pal != this) {
    float d = dist(posx,posy,pal.posx,pal.posy);
    if (d < ocd) {
      xs = posx-pal.posx;
      ys = posy-pal.posy;
      float a = sqrt(xs*xs+ys*ys);
      xs = xs/a;
      ys = ys/a;
    }
  }
}
```

また、update( )にこのxs、ysの効果を追加して次のように変更します。この時、wsでその効果の強弱を調整します。コンストラクタで初期化する時にwsの値を0.2としてみました。

```
void update() {
  vx = vx+wc*xc+wa*xa+ws*xs;
  vy = vy+wc*yc+wa*ya+ws*ys;
  float a = sqrt(vx*vx+vy*vy);
  vx = vx/a;
  vy = vy/a;
}
```

13.2.9 プログラムコード

完成したプログラムコードの全体は次のようになります。特性を表す重みwc、wa、wsをいろいろ試してみましょう。

```
int N = 100;
Boid[] birds = new Boid[N]; /* instance of Boid type */
float gX, gY;               /* center of flock */

void setup() {
  size(800, 800);
  for (int i=0; i<N; i++) {
    birds[i] = new Boid(random(width), random(height),
0.05, 0.1, 0.2, birds);
  }
}

void draw() {
  background(255);
  gCenter();
  for (Boid a : birds) {
    a.display();
    a.move();
    a.turn();
    a.cohesion();
    a.search();
    a.alignment();
    a.separation();
    a.update();
  }
}
```

```
void gCenter() {
  gX = 0;
  gY = 0;
  for (Boid a : birds) {
    gX = gX+a.posx;
    gY = gY+a.posy;
  }
  gX = gX/N;
  gY = gY/N;
}

class Boid {
  float posx, posy;    /* location */
  float v, dx, dy;     /* speed and directions */
  color clr;           /* color of boid */
  float xc, yc, wc;    /* cohesion vector and weight */
  float xa, ya, wa;    /* alignment vector and weight */
  float xs, ys, ws;    /* separation vector and weight */
  float ocd;           /* optimal cruising distance */
  Boid pal;            /* nearby pal */
  Boid[] group;        /* Flock of birds */

  Boid(float x, float y, float c, float a, float s, Boid[] g) {
    posx = x;
    posy = y;
    wc = c;
    wa = a;
    ws = s;
    float q = random(0, 2*PI);
    dx = cos(q);
    dy = sin(q);
    clr = color(0, 255, 0);
    v = 5.0;
    ocd = 20;
    group = g;
  }

  void display() {
    noStroke();
    fill(clr);
    pushMatrix();
    translate(posx, posy);
    rotate(atan2(dy, dx));
    triangle(0, 0, -20, 4, -20, -4);
    popMatrix();
  }
```

```
void move() {
  posx = posx+dx*v;
  posy = posy+dy*v;
}

void turn() {
  if (posx>width || posx<0) {
    dx = -dx;
  }
  if (posy>height || posy<0) {
    dy = -dy;
  }
}

void cohesion() {
  xc = gX-posx;
  yc = gY-posy;
  float a = sqrt(xc*xc+yc*yc);
  xc = xc/a;
  yc = yc/a;
}

void search() {
  float d, dmin;
  pal = this;
  dmin = 99999;
  for (Boid b : group) {
    float sp = dx*(b.posx-posx)+dy*(b.posy-posy);
    if (sp>0) {
      d = dist(posx,posy,b.posx,b.posy);
      if (d<dmin) {
        pal = b;
        dmin = d;
      }
    }
  }
}

void alignment() {
  if (pal != this) {
    xa = pal.dx;
    ya = pal.dy;
    float a = sqrt(xa*xa+ya*ya);
    xa = xa/a;
    ya = ya/a;
  }
```

```
  }

  void separation() {
    xs = 0.0;
    ys = 0.0;
    if (pal != this) {
      float d = dist(posx,posy,pal.posx,pal.posy);
      if (d < ocd) {
        xs = posx-pal.posx;
        ys = posy-pal.posy;
        float a = sqrt(xs*xs+ys*ys);
        xs = xs/a;
        ys = ys/a;
      }
    }
  }

  void update() {
    dx = dx+wc*xc+wa*xa+ws*xs;
    dy = dy+wc*yc+wa*ya+ws*ys;
    float a = sqrt(dx*dx+dy*dy);
    dx = dx/a;
    dy = dy/a;
  }
}
```

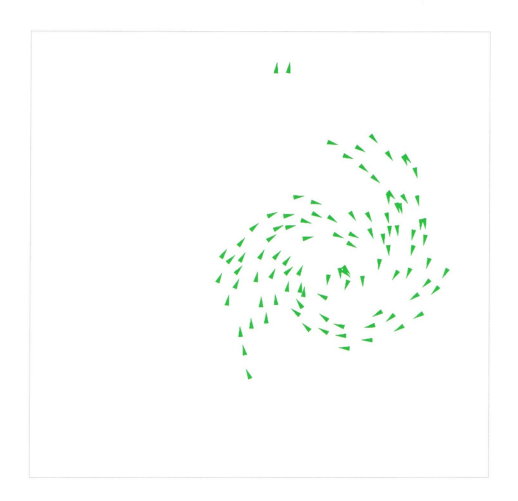

図13-7　鳥の群れ

やってみよう

プログラム中の定数 wc、wa、ws の値を調節して、鳥の行動を観察しましょう。

Chapter 13

鳥の群れ —— ボイドモデル

Chapter 14

草とウサギ

──被食者と捕食者のエージェントモデル

　Chapter 2ではウサギとキツネの生態系について考えました。キツネはウサギを捕まえて餌とし、餌をたくさん食べて繁殖します。餌がなければキツネも生きてはいけません。キツネがいなくなればウサギは平和を取り戻して繁殖します。Chapter 2では、ウサギの数とキツネの数に注目して方程式を作りモデル化し、数値計算を行うことで生態系の変動を観察することができました。この章でも生態系を扱うのですが、方程式モデルではなく、前章の「鳥の群れ」でしたように、エージェントモデルによってシミュレーションを行ってみましょう。今度は、ウサギは捕食者として登場します。食われる方、すなわち被食者は草です。それぞれのエージェントが自由に振る舞って、相互作用が起こり、生態系がどのように移り変わるのか見てみましょう。

14.1　草とウサギ

　広がる草原を想像してください。柔らかい緑の草が生い茂り、そこに生息するウサギは草を餌としてバランス良く生態系が保たれています。ところが、何かの原因でウサギが過剰に増えてしまうとどうでしょう。餌となる草は食べ尽くされ、そうなると、今度はウサギの繁殖にもブレーキがかかります。ここで考える草は、一定の時間をかけて隣接する場所に根を伸ばし繁殖すると考えます。葉を食べられてしまうと、すぐには再生できませんが、時間が経過するとまた葉をつけると考えます。一方、ウサギは葉を食料として生き、十分な栄養を摂取して成長すると繁殖すると考えます。逆に、餌となる葉が不足して栄養を補給できなくなると死滅するとします。草とウサギの2種類のエージェントをオブジェクト指向でモデル化し、この2つが共存する空間を作って生態系の変動を観察してみましょう。

14.2　コーディングする

　草は`Grass`というクラスを作ってモデル化します。`Grass`型のインスタンス（実体）の名前は`tampopo`（タンポポ）とします。`tampopo`は二次元配列になっていて、**図14-1**のようにウィンドウに格子状に敷き詰められています。ウサギは`Rabbit`というクラスを作ってモデル化します。`Rabbit`型のインスタンスの名前は`nousagi`（ノウサギ）です。`nousagi`の集団は誕生したり死滅したりすることで数が変動するので、動的な変動を扱いやすい`ArreyList`という仕組みを使います。

14.2.1　変数の準備

　草やウサギの数の変動をデータとして書き出すために出力ファイルを準備します。ファイル名は`file`です。続いて`Grass`型の`tampopo[][]`という名前の二次元配列を準備します。縦横を80×80としたいのですが、周囲に一列ずつ余分に用意しなければならないため、82×82とします。`Rabbit`型の`nousagi`は`ArreyList`として準備し、大きさは後で指定します。この他に、葉のついた草の数を保存する`nag`と、時間を保存する`t`も準備します。

```
PrintWriter file;
Grass[][] tampopo = new Grass[82][82];
ArrayList<Rabbit> nousagi = new ArrayList<Rabbit>();
int nag;
float t;
```

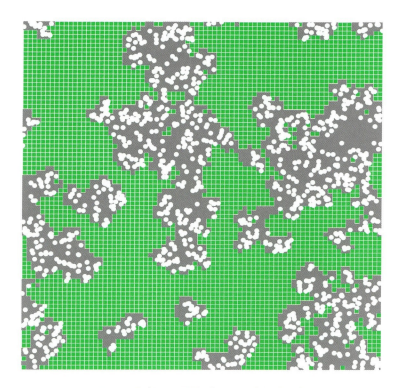

図14-1　草（緑色の正方形）とウサギ（白色の円）

14.2.2　草の基本形 Grass の作成

　草の基本形となるのは Grass です。次のように class Grass{} を作り、{}の中にフィールド、コンストラクタ、メソッドを追加していきます。

```
class Grass {

}
```

フィールドの部分から始めましょう。color 型の clr は、色を設定するための変数です。float 型の size は、正方形で描く草の領域の一辺の長さです。int 型の ip と jp は、それぞれ配列状に並んだ草の位置を左から何番目なのか、上から何番目なのかで示すインデックスです。float 型の posx と posy は草の座標を示します。float 型の grow は草の成長の速さを意味します。float 型の energy は草に蓄えられたエネルギーです。float 型の threshold は閾値（しきいち）で、この値を境に草の状態が変化します。boolean 型の act は草が生えているかどうかを示す変数で、地上に葉がなければ false、葉があれば true となります。周りにある草の状態も知る必要がありますから、草原全体を意味する Grass 型の grass も使います。

```
color clr;
float size;
int ip,jp;
float posx, posy;
float grow;
float energy;
float threshold = 50;
boolean act;
Grass[][] grass;
```

次はコンストラクタです。コンストラクタの名前は class の名前と同じです。引数は int 型の i と j、float 型の p です。i と j は配列のインデックス、p は 0.0 と 1.0 の間の小数点数です。色を表す clr は緑色に設定します。size は 10 ピクセル、ip と jp には引数で与えられる i と j を代入します。grow には 1 を設定し、energy の初期値は 0 とします。葉があるかどうかを示す act は確率的に決まるようにしました。0 と 1 の間の乱数が p より小さい時には葉があるとし true に、そうでない時は葉がない false に設定します。引数で与えられる p が 1 より大きい値なら必ず葉があることになり、たとえば p が 0.5 ならほぼ半分の草に葉があることになります。

```
Grass(int i,int j,float p,Grass[][] g) {
  clr = color(20,90,50);   /* green */
  size = 10;
  ip = i;
  jp = j;
  posx = (ip-1)*size;
  posy = (jp-1)*size;
```

```
    grow = 1;
    energy = 0;
    if (random(0,1) < p) {
      act = true;
    } else {
      act = false;
    }
    grass = g;
  }
```

　次は、草の成長に関わるメソッド grow() です。草は、隣接するセルに葉があるとそこからエネルギーを供給されて、自分自身のエネルギーとして蓄える、と考えました。そして、そのエネルギーがある閾値を超えると葉が生えるとしています。増加するエネルギーが energy で、閾値は threshold です。1 つのセルの周りには 8 つのセルがありますから、if を使うこの処理が 8 回あります。草原の周囲のセルでもこの計算ができるように、配列を周りに一列ずつ余計に設定したのです。最後の if で energy が threshold を超えていたら act を true とし、葉がエネルギーを使い切って energy は 0 となります。

```
  void grow() {
    if (grass[ip-1][jp-1].act==true) {
      energy = energy+grow;
    }
    if (grass[ip][jp-1].act==true) {
      energy = energy+grow;
    }
    if (grass[ip+1][jp-1].act==true) {
      energy = energy+grow;
    }
    if (grass[ip-1][jp].act==true) {
      energy = energy+grow;
    }
    if (grass[ip+1][jp].act==true) {
      energy = energy+grow;
    }
    if (grass[ip-1][jp+1].act==true) {
      energy = energy+grow;
    }
    if (grass[ip][jp+1].act==true) {
      energy = energy+grow;
    }
    if (grass[ip+1][jp+1].act==true) {
      energy = energy+grow;
```

```
    }
    if (energy>threshold) {
      act = true;
      energy = 0;
    }
  }
```

草をウィンドウに表示するのは display() です。fill(clr) で塗り色を設定し、もし act == true なら、すなわち葉があるなら rect(posx,posy,size,size) で正方形を描きます。

```
void display() {
  fill(clr);
  if (act == true) {
    rect(posx,posy,size,size);
  }
}
```

14.2.3　ウサギの基本形 Rabbit の作成

ウサギの基本形となるのは Rabbit です。次のように class Rabbit{} を作り、{} の中にフィールド、コンストラクタ、メソッドを追加していきます。

```
class Rabbit {

}
```

こちらもフィールドの部分から始めましょう。color 型の変数 clr はウサギの色です。float 型の size はウサギの大きさ、float 型の posx と posy はウサギの位置、float 型の speed は移動速度、float 型の energy は活動のエネルギー源です。float 型の threshold を energy が超えるとウサギは増殖します。

```
  color clr;
  float size;
  float posx, posy;
  float speed;
  float energy;
  float threshold = 20;
  Grass[][] food;
```

コンストラクタでは、ウサギの位置座標 x、y と Grass 型の配列 f を引数としました。clr には白色を設定します。size は 10 ピクセルです。引数の x と y を posx と posy に代入します。ウサギの移動速度の最大値 speed を 10 としました。エネルギーの初期値として energy に 10 を代入します。Grass 型の f は、ウサギにとっては餌となるので food という変数に代入します。

```
Rabbit(float x, float y, Grass[][] f) {
  clr = color(255);   /* white */
  size = 10;
  posx = x;
  posy = y;
  speed = 10;
  energy = 10;
  food = f;
}
```

ウサギをウィンドウに表示するのは display() です。塗り色を fill(clr) で設定し、ellipse() で円を描きます。

```
void display() {
  fill(clr);
  ellipse(posx, posy, size, size);
}
```

ウサギは自由な方向に移動します。つまり、360 度どの方向にも進むことができます。乱数を使って角度を決めますが、計算にはラジアン単位を使わなければなりませんので radians() で変換してから計算に使います。移動のスピードは設定した最大速度 speed の範囲でランダムです。移動後の座標を計算するのには三角関数の sin() と cos() を使います。このように自由に動き回ると、ウィンドウからはみ出してしまうことがあります。そこで、if 文を使って中に戻します。移動の最後にエネルギーを 1 だけ減少します。

```
void move() {
  float t = radians(random(360));
  float r = random(speed);
  posx = posx+r*sin(t);
  posy = posy+r*cos(t);
  
  /* correct position */
```

```
    if (posx >= 800) {
      posx = posx-800;
    }
    if (posy >= 800) {
      posy = posy-800;
    }
    if (posx < 0) {
      posx = posx+800;
    }
    if (posy < 0) {
      posy = posy+800;
    }
    energy = energy-1;
  }
```

　草を食べることを考えましょう。ウサギが移動したところに草があれば、それを食べます。「草があれば」というのは、そのセルに葉があり、すなわち g.act == true で、その葉とウサギの距離がごく近い 10 ピクセル以内であればウサギは捕食に成功したとします。捕食したウサギはエネルギーが一定量 5 だけ増加し、草は葉がない状態すなわち g.act = false となります。さらに、ウサギはエネルギーが閾値 threshold を超えると出産して 3 匹増加します。nousagi は ArrayList というデータタイプであるために、nousagi.add() と書いて要素を追加することができます。この仕組みを使って 3 匹追加する処理は、reproduct() という関数を別に作って処理します。reproduct() の詳細は「14.2.6 その他の関数」の項目で説明します。

```
void prey() {
  for (int i=1; i<81; i++) {
    for (int j=1; j<81; j++) {
      Grass g = food[i][j];
      if (g.act == true) {
        float d = dist(posx, posy, g.ip*10, g.jp*10);
        if (d <= 10) {
          energy = energy+5;
          g.act = false;
        }
      }
    }
  }
  if (energy>threshold) {
    reproduct(posx, posy, food);
    energy = 10;
```

        }
    }
}
```

### 14.2.4 setup()

　setup()では、個体数の変動をcsvファイルに記録するために出力ファイルを設定します。ウィンドウのサイズは800×800とします。Grass型の配列tanpopo[][]に草のインスタンスを代入します。以下の例では3つ目のパラメータを0.5としていますので、ウィンドウのほぼ半分の面積に草が生えるでしょう。Rabbit型のインスタンスnousagiもウィンドウのランダムな場所に生成します。forループが0から50未満となっていますから、初期設定ではウサギは50匹ということになります。その他、時刻を0に設定し、countGrassで葉のある草を数えて、csvファイルの1行目に見出しを書きます。

```
void setup() {
  file = createWriter("RabbitGrass.csv");
  size(800, 800);
  stroke(255);

  /* generate instances, tampopo as Grass */
  for (int i=0; i<82; i++) {
    for (int j=0; j<82; j++) {
      tampopo[i][j] = new Grass(i, j, 0.5, tampopo);
    }
  }
  /* generate instances, nousagi as Rabbit */
  for (int i=0; i<50; i++) {
    float x = random(800);
    float y = random(800);
    nousagi.add(new Rabbit(x, y, tampopo));
  }

  /* initial values */
  t = 0;
  countGrass();

  /* output headings to csv file */
  file.println("t,rabbit,grass");
}
```
```

14.2.5 `draw()`

　`draw()`では、csvファイルに時刻、ウサギの数、葉っぱのある草の数を書き出します。また、ウィンドウの背景をグレーで塗りつぶして動画の準備をします。続いて草のインスタンスである`tampopo`を表示し、草の成長を計算します。この処理は二重の`for`ループを使ってすべての`tampopo`に対して実行します。さらに、`nousagi`を表示し、移動`move()`、捕食`prey()`を計算します。エネルギーが0を下回ると、`nousagi.remove(i)`によって削除されます。この処理も、`for`ループを使ってすべての`nousagi`に対して実行します。

```
void draw() {
  /* output */
  file.println(t+", "+nousagi.size()+", "+nag);
  background(160);

  /* draw and execute */
  for (int i=1; i<81; i++) {
    for (int j=1; j<81; j++) {
      tampopo[i][j].display();
      tampopo[i][j].grow();
    }
  }
  for (int i=0; i<nousagi.size(); i++) {
    Rabbit r = nousagi.get(i);
    r.display();
    r.move();
    r.prey();
    if(r.energy<0) {
      nousagi.remove(i);
    }
  }
  /* count grasses, and output */
  countGrass();
  t = t+1;
  println(t);
}
```

14.2.6　その他の関数

　草の数を数えるために`countGrass()`という関数を作ります。これは葉がある草だけを数える関数で、`act`が`true`の場合だけ`nag`を1だけ増加します。ウサギの繁殖には`reproduct()`という関数を作ります。この中で`nousagi.add(new`

Rabbit(x, y, f)) を 3 回書いていますから、同じ位置に 3 匹のウサギが追加されます。また、個体数の変化を記録した csv データファイルを閉じて、シミュレーションを終了するために keyPressed() という関数も作ります。キーボードの x が押されると、ファイルを閉じてプログラムを終了します。プログラムと同じフォルダに書き出された csv ファイルを使えば、個体数の変動をグラフにすることもできます。

```
/*** count grasses ***/
void countGrass() {
  nag = 0;
  for (int i=1; i<81; i++) {
    for (int j=1; j<81; j++) {
      Grass g = tampopo[i][j];
      if (g.act == true) {
        nag = nag+1;
      }
    }
  }
}

/*** reproduction ***/
void reproduct (float x, float y, Grass[][] f) {
  nousagi.add(new Rabbit(x, y, f));
  nousagi.add(new Rabbit(x, y, f));
  nousagi.add(new Rabbit(x, y, f));
}

/*** close file and exit ***/
void keyPressed() {
  if (key=='x') {
    file.flush();
    file.close();
    exit();
  }
}
```

14.2.7 プログラムコード

完成したプログラムコードの全体は次のようになります。

```
/* Rabbits in grassland */
```

```
PrintWriter file;
Grass[][] tampopo = new Grass[82][82];
ArrayList<Rabbit> nousagi = new ArrayList<Rabbit>();
int nag;    /* number of active grasses */
float t;    /* time variable */

void setup() {
  file = createWriter("RabbitGrass.csv");
  size(800, 800);
  stroke(255);

  /* generate instances, tampopo as Grass */
  for (int i=0; i<82; i++) {
    for (int j=0; j<82; j++) {
      tampopo[i][j] = new Grass(i, j, 0.5, tampopo);
    }
  }
  /* generate instances, nousagi as Rabbit */
  for (int i=0; i<50; i++) {
    float x = random(800);
    float y = random(800);
    nousagi.add(new Rabbit(x, y, tampopo));
  }

  /* initial values */
  t = 0;
  countGrass();

  /* output headings to csv file */
  file.println("t,rabbit,grass");
}

void draw() {
  /* output */
  file.println(t+", "+nousagi.size()+", "+nag);
  background(160);

  /* draw and execute */
  for (int i=1; i<81; i++) {
    for (int j=1; j<81; j++) {
      tampopo[i][j].display();
      tampopo[i][j].grow();
    }
  }
  for (int i=0; i<nousagi.size(); i++) {
    Rabbit r = nousagi.get(i);
    r.display();
```

```
    r.move();
    r.prey();
    if(r.energy<0) {
      nousagi.remove(i);
    }
  }
  /* count grasses, and output */
  countGrass();
  t = t+1;
  println(t);
}

/*** count grasses ***/
void countGrass() {
  nag = 0;
  for (int i=1; i<81; i++) {
    for (int j=1; j<81; j++) {
      Grass g = tampopo[i][j];
      if (g.act == true) {
        nag = nag+1;
      }
    }
  }
}

/*** reproduction ***/
void reproduct (float x, float y, Grass[][] f) {
  nousagi.add(new Rabbit(x, y, f));
  nousagi.add(new Rabbit(x, y, f));
  nousagi.add(new Rabbit(x, y, f));
}

/*** close file and exit ***/
void keyPressed() {
  if (key=='x') {
    file.flush();
    file.close();
    exit();
  }
}

class Grass {
  color clr;                /* color of grass */
  float size;               /* size */
  int ip,jp;                /* indexes of 2D array */
  float posx, posy;         /* position */
  float grow;               /* growth rate */
```

```
float energy;             /* source of activity */
float threshold = 50;     /* activation threshold */
boolean act;              /* active or not */
Grass[][] grass;

Grass(int i,int j,float p,Grass[][] g) {
  clr = color(20,90,50); /* green */
  size = 10;
  ip = i;
  jp = j;
  posx = (ip-1)*size;
  posy = (jp-1)*size;
  grow = 1;
  energy = 0;
  if (random(0,1) < p) {
    act = true;
  } else {
    act = false;
  }
  grass = g;
}

void grow() {
  if (grass[ip-1][jp-1].act==true) {
    energy = energy+grow;
  }
  if (grass[ip][jp-1].act==true) {
    energy = energy+grow;
  }
  if (grass[ip+1][jp-1].act==true) {
    energy = energy+grow;
  }
  if (grass[ip-1][jp].act==true) {
    energy = energy+grow;
  }
  if (grass[ip+1][jp].act==true) {
    energy = energy+grow;
  }
  if (grass[ip-1][jp+1].act==true) {
    energy = energy+grow;
  }
  if (grass[ip][jp+1].act==true) {
    energy = energy+grow;
  }
  if (grass[ip+1][jp+1].act==true) {
    energy = energy+grow;
  }
```

```
      if (energy>threshold) {
        act = true;
        energy = 0;
      }
    }

    void display() {
      fill(clr);
      if (act == true) {
        rect(posx,posy,size,size);
      }
    }
  }
  class Rabbit {
    color clr;                     /* color of rabbit */
    float size;                    /* size */
    float posx, posy;              /* position */
    float speed;                   /* moving speed */
    float energy;                  /* source of activity */
    float threshold = 20;          /* birth threshold */
    Grass[][] food;                /* Rabbit food */

    Rabbit(float x, float y, Grass[][] f) {
      clr = color(255);            /* white */
      size = 10;
      posx = x;
      posy = y;
      speed = 10;
      energy = 10;
      food = f;
    }

    void display() {
      fill(clr);
      ellipse(posx, posy, size, size);
    }

    void move() {
      float t = radians(random(360));   /* direction */
      float r = random(speed);          /* one step */
      posx = posx+r*sin(t);
      posy = posy+r*cos(t);

      /* correct position */
      if (posx >= 800) {
        posx = posx-800;
      }
```

```
      if (posy >= 800) {
        posy = posy-800;
      }
      if (posx < 0) {
        posx = posx+800;
      }
      if (posy < 0) {
        posy = posy+800;
      }
      energy = energy-1;
    }

    void prey() {
      for (int i=1; i<81; i++) {
        for (int j=1; j<81; j++) {
          Grass g = food[i][j];
          if (g.act == true) {
            float d = dist(posx, posy, g.ip*10, g.jp*10);
            if (d <= 10) {
              energy = energy+5;
              g.act = false;
            }
          }
        }
      }
      if (energy>threshold) {
        reproduct(posx, posy, food);
        energy = 10;
      }
    }
  }
```

図14-2にはシミュレーションの様子を示しています。Excel等でcsvファイルを開いてグラフを描くと、**図14-3**のような個体の変化を見ることができます。Chapter 2で見たように、それぞれのピークが少しずれた周期的な振動が観察されますね。

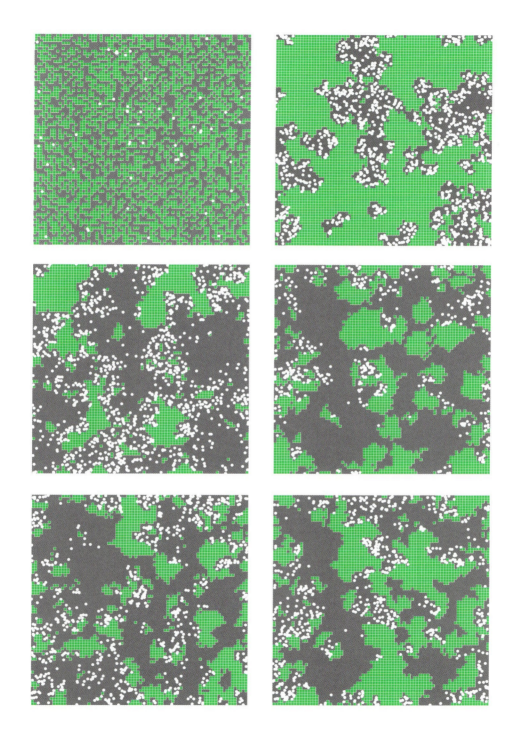

図14-2　ウサギと草の生態系シミュレーション

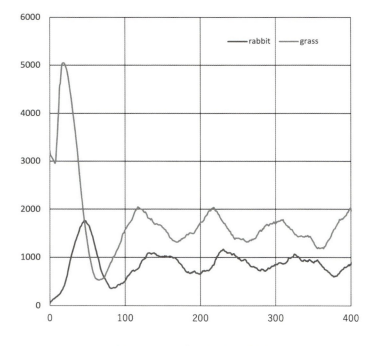

図14-3　ウサギと草の個体数の変化

やってみよう

ウサギはエネルギーが閾値を超えると2匹の子供を出産すると変更してシミュレーションをしてみましょう。

付録 A　微分方程式

　　Chapter 1の［式1.2］の両辺を Δt で割って、$\Delta t \to 0$ としたときの極限を計算すると、次のようになります。

$$[式A.1] \qquad \lim_{\Delta t \to 0} \frac{N(t+\Delta t) - N(t)}{\Delta t} = cN(t)$$

　読者の皆さんは、［式A.1］の左辺が微分の定義となっていることをご存知かもしれません。このことを使って［式A.1］を書き直すと次のようになります。

$$[式A.2] \qquad \frac{dN(t)}{dt} = cN(t)$$

　これは「微分方程式」と呼ばれる数理モデルで、この場合は特に「マルサスモデル」と呼ばれています。ここで、短い経過時間 Δt について考えてみましょう。経過時間 Δt を1秒とするか、1時間とするか、あるいは1日、1ヶ月、1年、10年とするかでモデルの精度に大きな差が生じることは明らかです。もちろん、Δt は小さい値としてできるだけ丁寧に計算したほうが精度がいいであろうことも予想できます。そこで、厳密な数理モデルでは $\Delta t \to 0$ としたときの極限をとって微分方程式を構成します。そして、この微分方程式をそれにふさわしい数学のテクニックを用いて計算すれば解が得られるというわけです。実際、マルサスモデルは最も簡単に解ける微分方程式のひとつです。しかし、微分方程式の中にはとても難しいものがたくさんあって、一筋縄ではいかないものの方がむしろ多いのです。この本では、微分方程式を知らない皆さん、特に中学生や高校1、2年生、もしかしたら小学生、できれば学校を卒業してからだいぶ経った皆さんにもシミュレーションを理解していただけるよう、微分方程式は用いずに数学モデルを構成しています。

付録 B　ベクトル演算

　ベクトルの演算について補足しておきましょう。**図 B-1**のベクトル A と B の足し算によってできるベクトル C は、左図のように A の終点から B を描いて、A の始点から B の終点へ向かうベクトルを描いて求めることができます。右図のように平行四辺形を描いて求めても同じです。これは、ベクトルの和が各成分の足し算で［式 B.1］のように計算できることを示しています。

［式 B.1］　　　　　$C = A + B = (2+7, 5+2) = (9, 7)$

　一方、差も各成分の引き算で［式 B.2］のように計算できます。

［式 B.2］　　　　　$B = C - A = (9-2, 7-5) = (7, 2)$

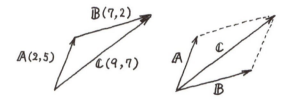

図 B-1　ベクトルの和

　ベクトルの内積（スカラー積）についても補足しておきましょう。2つのベクトルの内積は、［式 B.3］のように各成分の積の総和として計算できます。

［式 B.3］　　　　　$A \cdot B = A_1 \times B_1 + A_2 \times B_2 + A_3 \times B_3$

　図 B-2の例で見てみましょう。この場合は2次元ですから3番目の項はありません。まず D と E の内積から計算します。

［式 B.4］　　　　　$D \cdot E = 6 \times (-1) + 8 \times 5 = 34$

　結果は正の値となります。次は D と F です。F は点線上にあって、D と直行して

います。

[式 B.5] $D \cdot F = 6 \times 4 + 8 \times (-3) = 0$

今度は 0 となりました。次は D と G です。G は点線を境に D と反対側を向いています。

[式 B.6] $D \cdot G = 6 \times (-6) + 8 \times (-2) = -52$

この場合には負の値となります。つまり、点線を境に D と同じ側にあるベクトルとの内積は正の値に、反対側にあるベクトルとの内積は負の値になるのです。このように、内積によって 2 つのベクトルの指す方向の違いを調べることができます。

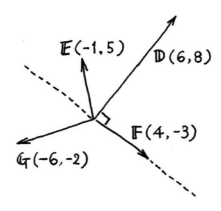

図 B-2　ベクトルの内積

付録 C　十進数と二進数

十進数の 283 と二進数の 101 を例に 2 つの表記を見てみましょう。まず十進数ですが、この場合には 0、1、2、3、4、5、6、7、8、9 という十種類の記号を使って数を表現します。十進数は図 C-1 のような仕組みになっています。

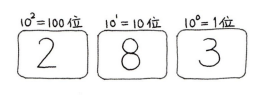

図 C-1

　右から1の位、10の位、100の位を意味していて、それぞれが3個、8個、2個あることを示します。ですから

$$1 \times 3 + 10 \times 8 + 100 \times 2 = 283$$

となって、十進数の283を表すことがわかります。ところで1の位というのは10^0の位と見ることができます。同じように10の位は10^1、100の位は10^2です。二進数も同じような仕組みになっています。この場合には、0と1という二種類の記号を使って数を表現します。右から2^0の位、2^1の位、2^2の位です。言い換えると右から1の位、2の位、4の位となります。

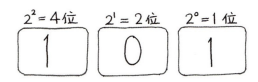

図 C-2

　ですから図 C-2 の例では、

$$1 \times 1 + 2 \times 0 + 4 \times 1 = 5$$

となって、十進数の5を表すことがわかります。

三井和男（みつい かずお）

日本大学特任教授、創造的教育支援機構STEAM&P代表理事。日本大学生産工学部数理工学科卒業、日本大学大学院生産工学研究科建築工学専攻修了。博士（工学）。
著書：『Processing ではじめるビジュアル・デザイン入門』（彰国社）、『Rhinoceros × Python コンピュテーショナル・デザイン入門』（彰国社）、『アルゴリズミックデザイン』（鹿島出版）共著、『発見的最適化手法による構造のフォルムとシステム』（コロナ社）共著、『Excel コンピュータシミュレーション』（森北出版）、『新 Excel コンピュータシミュレーション』（森北出版）

Processing（プロセッシング）で作って学ぶ、コンピュータシミュレーション入門

2024年12月15日　初版第1刷発行

著　者	三井和男
発行人	上原哲郎
発行所	株式会社ビー・エヌ・エヌ 〒150-0022 東京都渋谷区恵比寿南一丁目20番6号 Fax: 03-5725-1511 E-mail: info@bnn.co.jp www.bnn.co.jp
印刷・製本	シナノ印刷株式会社
デザイン	中山正成（APRIL FOOL Inc.）
編　集	村田純一

※本書の内容に関するお問い合わせは弊社 Web サイトから、
　またはお名前とご連絡先を明記のうえ E-mail にてご連絡ください。
※本書の一部または全部について、個人で使用するほかは、
　株式会社ビー・エヌ・エヌおよび著作権者の承諾を得ずに無断で
　複写・複製することは禁じられております。
※乱丁本・落丁本はお取り替えいたします。
※定価はカバーに記載してあります。

ISBN978-4-8025-1321-0
© Kazuo Mitsui
Printed in Japan